教科書沒有告訴你的

奇趣冷知識

植物篇

明報出版社編輯部 編著

目錄

千奇百怪的植物大集合

植物的趣味私生活

植物之最

蔬果園的秘密

人類與植物

千奇百怪的植物大集合

食人花
真的會吃人嗎？

你在電影和電視裏看過一種會吃人的巨大花朵嗎？它長得非常像人的一張嘴巴，而且這張大嘴裏還有很多尖尖的牙齒！傳聞這朵食人巨花可以吞噬一個大胖子，甚至一隻大水牛，兇惡無比！這聽起來真的很誇張，到底食人花會不會吃人？

經過植物學家調查發現，食人花的傳聞可能是來自肉食植物「大王花」。不過大家不用擔心，現階段科學家探索到的肉食植物中，無論是哪一種，都是不吃人的。不過不吃人並不代表不吃肉，食人花確實「食肉」，但它們只能夠吃到昆蟲之類的微小動物！

不過，大王花的嬌豔外表確是很容易令人誤會呢！大王花是一種寄生植物，沒有根、莖和葉，只有5片巨大的花瓣。它綻放的時候，直徑有1.5米長，大約像一個浴缸般長。它的花心中央是圓圓的，裏面有着密集的芒刺，如同巨蛇的利齒。

大王花開花時的氣味也很容易令人誤會呢！大王花一年四季都可以開花，但花期只有數天。它主要依靠以腐肉為生的甲蟲、蒼蠅等來傳播花粉，為了「勾引」這些昆蟲，大王花開花時會散發出一種奇臭無比的腐爛氣味，還會散發熱量，藉此偽裝成帶有餘溫的動物屍體。

大王花開花後就會凋謝，分解成一團類似燒焦的黑色東西，花柄處會結出一個腐爛的果實，果實內就藏着大王花的種子。雖然花朵大得驚人，大王花的種子卻小得出奇。當大象或其他動物踩上黏黏的種子時，就會將種子帶到別的地方生根發芽。在數個月後，森林的某處又會散發出濃郁的臭味，一朵新的大王花開花啦！

大王花雖然臭名遠播，不過這朵感覺美麗又恐怖的嬌豔花朵其實是不會食人的，大家不用怕了，也不要亂信傳聞啊。

誰在樹皮上塗鴉了？

當你繪畫森林中的花草樹木時，你會為樹幹填上什麼顏色呢？當然是啡色啊。不過，有一種樹有着五彩繽紛的樹皮，樹皮上可以看到紅綠藍紫黃橙灰啡等顏色，看起來就像一道彩虹，所以人們都稱這種樹為彩虹桉樹。有趣的是，彩虹桉樹的顏色可不是出自人類之手，而是大自然不可思議的創作！

彩虹桉樹多姿多彩的顏色是怎麼來的呢？原來這是因為它的樹皮會在不同時間掉落。它的樹皮在到達一定的年齡後，就會慢慢地、一塊一塊地從樹上掉下來。每一塊樹皮掉落之後，就會由鮮亮的綠色樹皮取代。隨着時間流逝，樹皮就會開始變色，從鮮豔的紅色、橙色，到逐漸變暗，變成藍色、紫色，最後變回啡色並且掉落，就這樣一直不斷循環。日積月累下來，彩虹桉樹身上的樹皮顏色愈來愈多樣，各個顏色互相輝映，像彩虹一樣。

聰明的你應該會想到，樹皮的顏色不就反映了它的年齡嗎？說對了，愈年輕的樹皮，就會有愈鮮亮的顏色。

而彩虹桉樹更有趣的地方，就是每一棵樹的顏色都長得不一樣，有的以鮮豔的顏色為主，看起來熱情無比，有的就以冷色調的藍紫色為主調，走進五彩繽紛的彩虹桉樹林，就像走入童話世界般一樣奇妙。

彩虹桉樹特別喜歡潮濕的熱帶雨林，它的原產地是北半球的菲律賓、印尼和巴布亞新幾內亞等國家，不過，我們卻很難在這些地方看到它們的身影，這究竟是為什麼呢？這是因為彩虹桉樹生長速度極快，而且含有豐富的造紙用木漿，因此當地人每年都會砍伐大量彩虹桉樹，獲取木漿來賺取金錢。可能，比起美麗的外表，還是金錢的味道比較吸引？

樹會長出鹽？

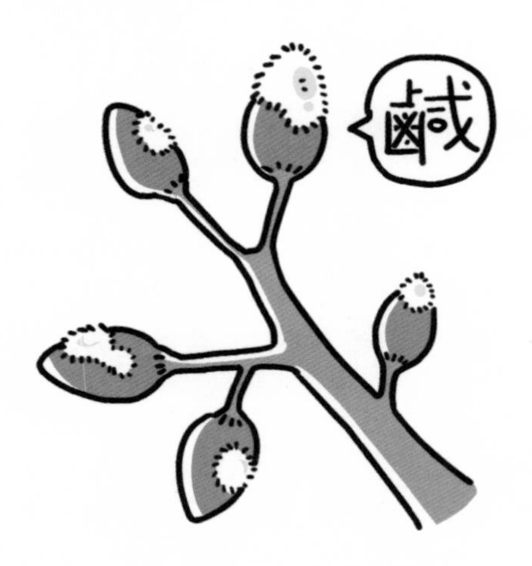

鹽是我們日常生活裏必用的調味料，古人很早就學會用海水提煉海鹽，但住在內陸的古人要從哪裏取得鹽呢？民間流傳着一句：「紅果不甜紅果鹹，惹人驚奇成食鹽」。幸好世界上還有鹽膚木，它可是會產鹽的樹木！

鹽膚木多生長在面向太陽的山坡、溪邊和灌木叢中。每年夏季開花，10至11月就是果實盛產的時候了。成熟的鹽膚木果實是小顆的核果形狀，一串串地掛滿枝頭，橙紅色的果實長着小絨毛，表皮上帶有一層薄薄的白霜，這層白霜就是植物鹽了。鹽膚木果實嘗起來酸酸鹹鹹的，人們會把它當作零食，或把它泡水釋出鹽分來作調味料。除了果實外，鹽膚木的樹皮也會產鹽，因此野生動物會舔食樹皮來補充鹽分。

鹽膚木真是神奇的樹木，可能大家會很好奇，鹽膚木是怎樣長出鹽？原來鹽膚木屬於鹽生植物，這類樹木在生長過程中，會像人類出汗一樣，把鹽分排出體外。

鹽膚木除了可口的果實外，它的整棵樹木都有廣泛的用途。鹽膚木可以作工業染料的原料。它的嫩葉可以作野菜食用，樹皮和種子還可以榨油。它的根、葉、花及果更可製成藥，根和葉多外用於治療跌打損傷、毒蛇咬傷等傷病。蜂農則會採集蜜蜂在花期所沾染的鹽膚木花粉，這些花粉不像果實和樹皮般帶有鹹味，而是甜甜的，可以用來烘焙蛋糕、蛋卷等甜品。

此外，某些植物和小昆蟲之間會形成一種寄生關係，而鹽膚木幼枝常有蚜蟲寄生，刺激樹枝不正常發育，長出畸形的瘤狀物，之後蚜蟲就會在這些名為蟲癭的瘤狀物裏生活。不過，把蟲癭摘下來取出蚜蟲，煮熟曬乾後，它就是中藥的五倍子了。難怪鹽膚木是中國主要的經濟樹木，簡直全身是寶，非常有價值。

不過話說回來，鹽膚木每年秋冬季才會結果，古代的農民在其他季節要怎麼找鹽？

樹會流血？

人和動物受傷時便會流血，你聽說過植物也會流血嗎？在非洲之角以東的索科特拉群島，就長着會流血的古樹，名為龍血樹。島民之間流傳着一個傳說：據說古時一條巨龍在島上與大象交戰，巨龍受傷後，鮮血灑滿大地，滲入泥土中。後來土壤中生出大樹。當這種樹木的表皮受到損傷時，它就會流出像血漿一樣的深紅色液體，島民認為這些就是巨龍所留下的龍血，龍血樹便因此得名。

龍血樹當然不是流血。所謂「龍血」，其實是該樹木的樹脂。樹脂是植物受傷後分泌的一種黏性液體，避免受傷部位受到昆蟲傷害，讓傷口盡快痊癒。不要少看龍血樹的樹脂啊！人們會用龍血樹脂製作防腐劑、油漆和唇膏。它更被島民視為救命聖藥，因為龍血樹脂可以用作製造名貴藥材「血竭」。

索科特拉群島屬於熱帶沙漠氣候，幾乎沒有任何降雨，很多植物為了適應極端的環境和惡劣天氣，而長得獨特奇異，遍佈該島的龍血樹也有十分奇特的長相。龍血樹高度可達10米，大約3至4層樓高；粗壯的樹幹拔地而起，樹枝盤根錯節向外延伸，頂着像雨傘狀的巨大樹冠，龐大的樹蔭可以保護樹蔭下的種子。龍血樹的葉子尖尖長長的，像針一樣，葉面有着含蠟質的角質層，可以減低水分蒸發。若龍血樹開花，葉子便會停止生長。這就是龍血樹能夠在極乾旱沙漠地區屹立逾8,000年的生存之道。

除了龍血樹外，索科特拉群島還棲息着多種極罕見的動植物，其中三分之一在地球其他地方都看不到，因此聯合國教科文組織在2008年已將索科特拉群島納入世界自然遺產名錄。此外，龍血樹還已經被國際自然保護聯盟列為受威脅的物種，威脅主要來自索科特拉群島逐步乾旱、人類大量採集血竭和過度放牧。龍血樹是具特別保育價值的物種，因為保育此種樹還可以間接保護其他物種。

植物會自行搬家？

地球上的植物真的是無奇不有，有一種名為復活卷柏的小型植物，生活得非常隨意，遇上不如意的環境時，就會隨時搬家，因為它不像其他植物一樣，根落到哪裏就會一輩子守在那裏。

復活卷柏大約15至45厘米高，莖上生滿如鱗片般細小的葉子，它在缺水環境下會呈現乾死狀態，然後自行把根部拔離泥土，再會搖身一變將自己蜷縮成一團乾癟的圓球，保住內部的水分。它變身後的重量很輕，只要有一些風吹過，就能隨風滾動，四處流浪，找尋新居。當復活卷柏遇到濕潤的土壤環境時，由於接觸到水分，圓球就會迅速打開，枝葉「起死回生」，恢復原貌，根部也會重新鑽到土壤中吸收水分，安居下來。

復活卷柏是蕨類植物，而蕨類植物在地球已經有3億多年的生存歷史，歷經多次乾旱。不過，蕨類植物都能夠在幾乎枯死的狀態下，只靠一些水便能恢復生機，頑強地繁衍至今。現在不論熱帶或寒帶地區、高山或濕地，我們都能找到蕨類植物的身影。至於生長在沙漠地區的復活卷柏，由於特殊的生存條件，也在這漫長的歲月中發展抵禦乾旱的看家本領。

其實，植物大多都喜歡在水分充足、土壤肥沃的地方生活，復活卷柏當然也不例外。當環境有着充沛的雨水，復活卷柏就會滿足地在這裏生長，但它也只會扎根在泥土的淺層，目的就是為了在天氣突變時隨時自救。

每一種會行走的植物都充滿着生存智慧，不斷努力地尋求生存機會。而科學家更希望解開這些極旱植物的遺傳密碼，以助農民面對全球暖化的環境。

有一種草會聞聲起舞？

這是一條普通的小草，不過當小草聽到聲音時，它的小葉子就會左右擺動，翩翩起舞，因此人們稱它為舞草。

舞草約高1米至1.5米，是一種直立的小灌木，莖枝十分光滑。舞草有3片葉子，頂部葉子是橢圓形或針形的，葉子上面無毛，下面則有短短的柔毛，兩側就長有線形的小葉子。

舞草是世界上唯一能夠根據聲音產生反應的植物。科學家說，舞草對溫度、陽光、節奏和聲波十分敏感，當氣溫達到20度以上或環境有35至40分貝的聲音時，舞草的兩片側小葉就會不停上下擺動。當環境愈來愈熱，或聲量愈來愈大的時候，葉子也會擺動得愈來愈快呢！

每當夜幕降臨的時候，太陽的光線減弱、氣溫也開始下降，舞草的葉子便會垂下來，貼於枝幹上，舞草也要休息了。

舞草的葉子為何會擺動？據科學家研究，舞草並不像向日葵般擁有向日性，它不會朝着太陽轉動，也不像含羞草般會因外界刺激而收縮葉子。舞草起舞的現象在植物界是罕見的，成因也仍然是個謎，還有待科學家們進一步研究和探索。

舞草也有着一個淒美的傳說故事。相傳古時候的西雙版納有一名美麗善良、熱愛舞蹈的少女多依。多依經常在不同村寨表演舞蹈，她的舞姿猶似在樹木與溪流之間開屏的金孔雀，令不少觀眾沉醉其中。後來，多依聲名遠播，卻惹來橫蠻的大土司（即部族的頭目）。大土司帶領眾多家丁把多依強搶到他家，並要求多依每天為他跳舞。多依不從，以死相抗，趁看守家丁不注意時逃了出來，跳進江中溺水而亡。許多寨民心感不忿，於是自發團結起來打撈多依的屍體，並為她舉行了隆重的葬禮。後來，多依的墳墓上長出了一種小草，每當音樂響起，它便聞歌起舞，人們因此視舞草為多依的化身。

曇花
只在晚上開花？

曇花又名為「月下美人」，是一種非常美麗的仙人掌科植物，每逢6至10月，在繁星滿天的晚上，曇花白色的大花瓣會一層一層綻放，並散發清新的香氣。曇花開花後，很快就會合上花瓣，清晨前就會凋謝，盛開的時間只有短短數小時，所以，要看到曇花開花可是很難的。那為什麼曇花會在晚上開花呢？

是因為曇花白天睡懶覺，晚上才起牀開花？還是因為曇花不喜歡吵鬧的白天，選擇在夜深人靜的時候開花？統統不是，原來曇花會在晚上開花，與它的原產地有關。

曇花原產在墨西哥和中美洲的沙漠地區，那裏日夜溫差大，晝熱夜冷。為避免受白天猛烈陽光的灼傷，到了花期時，它會選擇在溫度較低的晚上開花。而且，縮短開花時間可以大大減少水分被蒸發，有利生存，延續生命。此外，沙漠動物也喜歡在氣溫涼爽的晚上活動，也有助於曇花傳粉。經過長時間後，曇花已順利適應沙漠環境，並形成夜間短時間開花的特性。

由於曇花只在短時間開花，所以曇花要成功授粉結果是十分困難的！曇花的果實剛生出時是綠色的，慢慢成熟後就會變成紅色，生長過程和果實的外表也像同屬仙人掌科的火龍果呢。

不少人會將「曇花一現」這成語與曇花混為一談。不過，「曇花一現」是源自佛經，當中的「曇花」並不是「曇花」，而是「優曇鉢華」。據佛教經文記載，優曇鉢華是一種青色的蓮花，葉子狹長，青白分明，形似眼睛，佛教以它來象徵菩薩的佛眼。相傳優曇鉢華只在每3,000年才開一次花，開花的時候就代表佛陀轉世了。大家可不要再誤會「曇花一現」成語的起源！

哪些植物
長得像人體器官？

在中美洲和南美洲一些國家的熱帶雨林中，如哥倫比亞、哥斯達黎加、巴拿馬、厄瓜多爾等，生長着一種特殊的植物——嘴唇花。它的花型就像兩片烈焰紅唇，美得讓人想親一下。嘴唇花的花期為每年12月至次年3月，正好趕上了情人節，因此這種造型奇特的植物也經常被當地人當作為情人節的禮物。

其實，顏色豔麗的紅唇並非花瓣，而是葉片狀的苞片。苞片是位於葉和花之間的「變態葉」，有着保護花朵或果實的作用。不過，嘴唇花的紅色苞片還有着吸引蜂鳥、蝴蝶等昆蟲的功用，因為嘴唇花通常生長在雨林的林下層，外形也不高大，所以必須以「美色」來吸引傳粉動物碰觸長在苞片內側的花朵，幫忙傳播花粉。

不過，嘴唇花兩片美麗的「紅唇」只會在花期短暫存在，等花朵成熟之後，苞片顏色會變深，向外擴張，兩片苞片的中間就會長出一朵朵白色的小花，有點像牙齒一樣。最後，還會結出橢圓形的莓果。

除了像嘴唇的花外，地球上還有其他長得像人體器官的植物呢。例如白類葉升麻能長出帶有深紫色「瞳孔」的白色橢圓形漿果，這種奇異漿果長在紅色莖部上，就像一顆顆眼球，所以它還有個別名叫作「洋娃娃的眼睛」。不過，這種漿果是有劇毒的，所有動物見了它都會繞着走。又例如金魚花，它的花朵枯萎掉落地上後，樹上枝丫會留下很多長得像骷髏頭的種子。這些造型獨特的植物，真的讓人不禁感歎大自然的鬼斧神工呢！

有一種花
一濕身即變透明？

大自然千奇百趣，總有意想不到的植物和花朵。你一定見過鮮豔奪目的花朵，那你又有沒有想過，原來這個世上有一種沒有顏色的花！聰明的你會問：那是透明的花朵嗎？沒錯。這種透明的花朵就是日本山荷葉。

不過，想看到這朵透明的花朵，還得碰運氣，因為日本山荷葉的花朵其實是白色的，有着小巧清雅的珍珠白花瓣和黃花蕊，外表和郊外常見的白色小花頗為相似。

神奇的是，當小白花被雨水洗禮後，它便好像穿了「隱形斗篷」一樣！山荷葉花瓣沾上水後，就會變成玻璃般透明，平時不太會注意到的花瓣脈絡反而變得若隱若現的。而雨過天青之後，當水分蒸發掉，花瓣就會再度變回白色，令人嘖嘖稱奇。因此山荷葉還有着「骨骼之花」的別名，因為人們認為山荷葉花瓣變得透明後只剩下白色脈絡的樣子，就像一個人「照X光」一樣。

那麼，山荷葉為什麼會變成透明？它究竟隱藏着什麼樣的秘密？

山荷葉淋雨變透明的原理，並不是因為大自然施了魔法，有些科學家認為原因在於它特別的花瓣結構。山荷葉花瓣的細胞內含有空隙，每當下雨時，水分會進入細胞空隙之間。我們能看見不同的物件，其實是因為眼睛接收到各個物體反射的光線。當山荷葉濕水後，花瓣裏的水分不能完全反射光線，使山荷葉看起來像透明。當花瓣上的水分蒸發後，晶瑩剔透的透明花就會變回白色小花。

全世界共有3個山荷葉屬的花種，不過只有日本山荷葉是唯一遇水會變透明的。日本山荷葉主要生活在日本北部，海拔1,000至2,500米的高山地區，不少人會為了欣賞山荷葉的風采而專程跑到那裏去！

有一種花會一夜變色？

繡球花是香港常見的觀賞植物，花期在春季至夏季。繡球花是由一朵朵小小的花萼挨挨擠擠而成的花球，外表大大的、圓滾滾的，花海中交織着紫、紅、藍等繽紛療癒的顏色，美不勝收，也給人夢幻幸福的感覺。

繡球花為什麼有這麼多顏色？而且，你知道繡球花原來更有「一夜變色」的特異功能？

首先，我們要知道，繡球花的顏色其實與泥土的酸鹼度（pH值）有關。若生長在鹼性的土壤中，繡球花會是偏紅色的，反之在酸性土壤生長的繡球花則是偏藍色的。

如果泥土的酸鹼度快速改變，繡球花就會神奇地「一夜變色」了！

有什麼東西能令土壤的酸鹼度快速而明顯改變？就是大雨！由於雨水是微酸性的，當大雨來臨時，土壤中的鹼性成分就會隨着雨水流失，泥土變酸，繡球花就會變得更藍了。由於繡球花的花期很長，我們也可以人為替繡球花變色，有些人會在澆水時加上醋或檸檬汁，令泥土變酸，繡球花就會慢慢變藍。那麼，你能想到怎樣可以令繡球花變成紅色嗎？

水分除了對繡球花的顏色造成影響，對其生長也是非常重要的。繡球花是十分愛水的植物，每片花瓣和枝葉都極度渴望水分，缺水時就會垂頭喪氣。若繡球花缺水，又大又薄的葉子就會變得黑黑的，鮮嫩的枝幹也會承受不住花苞的重量而垂下了頭。因此，到了炎熱的夏天時，幾乎每天都需要為繡球花澆水，有的時候還要每天早晚各澆一次水，才能夠保證它不會缺水呢。

雖然繡球花的外表圓潤而美麗，不過它可是有毒的！根據醫院管理局製作的《香港有毒植物圖鑑——臨牀毒理學透視》，繡球花的汁液具有毒素，有機會令皮膚過敏或引致發炎，在世界各地均有人曾因修剪繡球花時意外接觸植物汁液而引起過敏性皮膚炎。觀賞時記得眼看手勿動！

哪棵樹怕癢？

你害怕被搔腋窩嗎？原來，除了人類怕癢外，也有一種植物很怕癢的，它就是紫薇樹。只要你用手輕輕撫摸一下紫薇的樹幹，它就會怕得連樹枝都搖動起來，然後葉子也會跟着動起來，發出「嗶啦嗶啦」的聲音。

紫薇樹為什麼會那麼怕癢？為什麼輕輕撫摸紫薇樹，它就渾身顫抖呢？

時至今日，植物學家尚未對紫薇樹為什麼會「怕癢」有一個統一說法。有人認為紫薇樹的樹幹含有一種類似人類神經系統的物質，可以感知外來的刺激並產生反應，所以當我們觸摸它的樹幹時，樹幹迅速反應並將摩擦的信號傳送至頂部的枝葉，於是一起搖動起來；有人認為紫薇樹的樹冠較大而樹幹纖細，難免頭重腳輕，重心不穩，容易搖晃。

紫薇樹還有一個特色，就是樹身十分光滑，因為它的樹皮每年都會一層一層地脫落。日本人會戲稱紫薇樹為「滑猴樹」，指就連善於爬樹的猴子都會從紫薇樹上滑下來呢。

紫薇樹在夏季開花，花期很長，所以又有「百日紅」之稱。紫薇樹的花朵也很特別呢，它有大花紫薇、小花紫薇之別，每朵花有6片波浪狀的花瓣；花色也不只紫色一種，還有白色、暗紫、粉紅、桃紅等顏色。每當夏季來臨滿樹開花時，整棵樹就佈滿豔麗的花朵，花瓣還會皺縮起來，婀娜多姿、爭妍鬥麗的盛景令人陶醉其中。

大花紫薇是香港常見的觀賞植物，在許多公園都可以觀賞到。根據綠化香港運動網頁，該樹通常在5至7月開花，建議觀賞的地點有鴨脷洲海濱長廊、大角嘴櫻桃街公園、九龍公園、沙田公園和大埔海濱公園。下次賞花時，也不妨去摸一摸紫薇樹的樹幹吧！

竟然有植物
不需要泥土？

植物的生存方式無奇不有！原來世界上有不需要泥土就能長大的植物。那就是空氣草，它不需要扎根泥土吸收養分，只要給它水分、陽光和空氣，空氣草就可以正常生存、繁殖及開花了。所以，空氣草也被人稱作「活在空氣中的植物」和「地表最強植物」。

空氣草不需要泥土，那它有根部嗎？答案是「有」。空氣草其實是一種附生植物，即是會附在其他物體上面生長的，而空氣草的根部就是用來把自己固定在宿主例如樹枝或岩石的身上，有一些空氣草品種更會棲息在城市的電線桿，甚至半空中的電線上呢。與寄生植物不同的是，附生植物不會吸收宿主的水分和養分，而是從周圍環境中獲取所需的營養。

那麼，空氣草是怎樣吸收水分呢？就是靠着空氣中的濕氣。它的葉子才是真正吸收水分的器官。葉子上長着白銀色的細毛，能夠吸收雨水、露水或霧氣。愈是暴露於陽光下的空氣草，葉子上的細毛也愈密集，這是為了避免灼傷及減少水分蒸發。

空氣草的品種繁多，除了原生品種外，亦有不少人工繁殖的新品種，不同品種的大小、葉片的顏色、形狀及形態都各有不同。由於空氣草沒有泥土限制，在近年興起的室內種植的風氣中，人氣急升，成為了許多園藝佈置的常客。香港較常見的空氣草品種有全株灰灰綠綠的「松蘿」、帶有小球根和微捲葉片的「虎斑章魚」和長莖細葉、像狐狸翹尾巴般捲曲生長的「狐尾」。

當空氣草的葉子開始變色時，就是代表它快要開花了。大多空氣草都會開花，不過它一生只開一次花。空氣草的花朵多為紅色、紫色等鮮豔顏色，頂部會長出雄蕊和雌蕊，吸引昆蟲來幫忙傳花粉。開花後的空氣草就不會再繼續長大，而是會長出側芽並逐漸凋謝。

竟然有植物
不需要陽光？

除了不需要泥土就能生長的植物，原來世界上還有不需要陽光的植物！它有一個美麗的名字，就是水晶蘭。光聽這個名字，就知道水晶蘭一定長得很美麗了。水晶蘭約5至30厘米高，渾身上下都是潔白的，薄薄透亮的鱗片狀葉片則貼在花莖旁。每到春夏花期，水晶蘭會陸續破土而出，頂部會長出一朵微微下垂的長鐘型白花，整株長得有如晶瑩剔透的水晶。

聰明的你一定會想到，那它沒有葉綠素嗎？

對，水晶蘭全身都沒有葉綠素。生活在中高海拔的水晶蘭，喜愛幽暗潮濕的環境，也總是藏在枯枝落葉堆中，因為它也不需要陽光照射，也不能進行光合作用製造養分，那它是怎樣存活下來呢？

水晶蘭屬於「真菌異營性植物」，它和鄰近的真菌有着共生關係，真菌會幫忙分解土壤的腐葉，來為水晶蘭提供生長所需的養分。植物與真菌的共生關係原本應是互相傳遞養分的互惠互利關係，不過，科學家發現，水晶蘭會從真菌網絡中偷取養分，卻沒有回饋任何東西給真菌，「真菌騙子」是也！

正因為水晶蘭全身雪白的，與一般大家想像到的綠色植物有很大差異，令人感覺不到生機，而且它的生長環境和習性都很獨特，所以水晶蘭也有「幽靈之花」之稱號。水晶蘭非常漂亮，但也非常脆弱，離開了原來的環境就很難存活，如果有幸遇上水晶蘭，不要摘下它們啊。

最後，各位千萬不要混淆！雖然水晶蘭的名字內有一個「蘭」字，但它不是蘭花。而水晶蘭和水晶花名字僅差一字，不過水晶蘭是植物，而水晶花不是植物，它是一種由樹脂製作而成的假花。

植物的趣味私生活

森林有個互聯網？

互聯網可以說是20世紀最偉大的發明之一，它將世界各地的人都聯繫起來。令人難以置信的是，森林生態學家蘇珊・西瑪德（Suzanne Simard），花費了30年時間在加拿大森林裏研究後發現，原來森林的地底早就有一個堪比人類互聯網的網絡，這個由真菌和樹根組織而成的網絡，被命名為「樹聯網」，除了能讓樹木互相交流通訊，還有一些意想不到的神奇功能呢。

真菌會纏繞着植物的根部，與植物共生形成「菌根」。菌根在森林地底密集生長，覆蓋住每一個土壤顆粒，有些菌絲甚至長達數百公里，連接着森林大大小小的植物。真菌會將土壤的養分和水分供應給植物，它也會扮演植物的好幫手，向其他植物傳遞信息，而植物就會給予糖分作為回報，從而形成了森林的地底網絡。

樹木們會透過樹聯網進行地下交流，互相分享和幫助。例如樹木一旦被攻擊，就會透過樹聯網向其他樹木發出警告；老樹會透過網絡向住在森林底層的幼苗傳遞營養，哺育自己的孩子，增加它們的生存機會；受傷或者快要枯萎的時候，樹木也會將信息告知鄰居；不同種類的樹木也會透過樹聯網交換資源，例如樺樹在夏天會向松樹傳遞營養，到了秋冬樺樹掉光葉子的時候，松樹就會將營養送給樺樹。可以說，複雜的樹聯網把整個森林緊密地聯繫在一起，令不同物種、不同年紀的樹木都得以生存下來。

不過，跟互聯網一樣，樹聯網也有黑客和病毒！例如水晶蘭會入侵網絡，偷取附近樹木的資源。有些黑胡桃會透過網絡傳播有毒的化學物質，來打擊競爭者。

事實上，雖然植物之間存在着競爭，不過西馬德的研究發現，植物的生長似乎不只是簡單地爭奪水分、陽光等資源，森林中的樹木會交易、合作和依靠，形成了一個龐大的生態系統。西馬德說：「一片森林遠遠不止是你所見到的，森林也不僅僅是一棵棵樹木的集合。」大自然的世界真是令人驚奇！

樹木也有社交距離？

當我們在森林行走時，從地面往天空看，有時會發現樹木與樹木之間有一道道空隙，有如一片完美的拼圖巧妙地拼在一起。為什麼樹木們之間會留有如此特別的距離呢？

原來有些樹木也會像人類一樣，有時我們為了預防傳染病，會和其他人保持一定的距離；這些在森林中的樹木也會為了躲避疾病，而與其他樹木保持距離！

這種有趣的現象叫做樹冠羞避（Crown shyness），意指即使在擠逼的樹林，樹木都長得很靠近，但頂端的樹冠層會留下空間，創造彼此明確的邊界，避免觸碰到各自的枝葉。不過並不是每一種樹木都會出現這現象，樹冠羞避大多會出現在喬木上，例如山毛櫸科、松科等樹種。

樹冠羞避現象雖然早於1920年代已經有所研究和討論，不過至今科學界對於這種現象發生的原因仍然未有定論，但確實顯示了植物其實知道彼此的存在，會主動地避免互相干擾。

有說法認為因為樹木對葉片損傷很敏感，因此騰出空隙，避免樹木被風吹動時有所碰撞而擦傷葉子；亦有研究認為樹冠間的空隙可以保持樹木的健康，能夠抑制傳染病和寄生蟲的傳播；也有科學家指出樹冠羞避有助樹木取得生存的資源，例如陽光、水等。

另外，樹冠羞避除了是樹木之間的禮讓關係，其實對整個森林也有好處。因為在這些高大的樹木下，有很多不同的動植物在生活，它們的存在對樹木的成長十分重要，而葉子間的空隙就能夠讓陽光穿透樹冠層，照射到森林的下層，滋養那些較矮或在地面上生長的植物和動物，反過來也可以為樹木提供所需的養分。

植物需要睡覺嗎？

我們每天都需要睡覺，各種動物也需要睡覺，那植物需要睡覺嗎？而且我們睡覺時會閉上眼睛，又會打鼻鼾，植物既沒有眼睛也沒有鼻子，我們又怎樣才知道植物是不是在睡覺呢？

其實植物也是需要睡覺的，至少有一部分需要。因為世界上有太多不同的植物，而且每種植物的開花和作息時間都有不同，暫時科學家們都未能驗證是不是全部所知的植物物種都會睡覺，但他們的確在部分物種身上，確認到植物也是有睡眠機制的。

植物在睡覺的時候，葉子或花朵會有張開和閉合的行為。這種開合交替的現象源自於植物中的兩種活性物質，分別是「安眠物質」和「興奮物質」。「安眠物質」能令植物的葉子和花朵閉合，「興奮物質」則相反，是一種可以令葉子和花朵張開的物質。這兩種物質會按植物的「生活習慣」調節濃度，從而控制着植物的睡眠規律。

科學家們發現不同植物的睡眠習慣各有不同。有些植物會在白天睡覺，有些則在晚上睡覺，有些甚至還會來個「午睡」；又有部分植物睡覺睡得很明顯，但有些卻是悄悄地睡着了，不容易被我們發現。

在市區常見的宮粉羊蹄甲就是「早睡早起」，而且還是睡覺睡得很明顯的好例子。在太陽出來的時候，它的葉子就像蝴蝶一樣張開，到了晚上葉子就會合在一起，我們很容易就可以看出來植物是否在睡覺了。它們有時還會「賴牀」呢！在陰天或雨天的時候，因為沒有了陽光的照射，它們就不知道已經是早上，結果就忘了起牀，葉子會一直保持着閉合的狀態。

而且和人類一樣，睡覺對植物的成長同樣很重要。有研究指出，會睡覺的植物生長速度比不睡覺的較快，而且它們還擁有更強的競爭性，所以有較高生存能力呢！

植物全身都是鼻孔？

我們知道植物會在白天時進行光合作用，吸入二氧化碳並釋出氧氣；在晚上時就會和我們一樣，進行呼吸作用，吸入氧氣然後呼出二氧化碳。但我們呼吸時，需要用到鼻子才能吸氣和呼氣，可是植物明明沒有鼻子，又怎樣可以呼吸呢？

原來雖然植物沒有鼻子，但植物的葉子上有很多細小的氣孔，這些氣孔就有如人類的鼻孔，不論植物是在進行光合作用還是呼吸作用，這些氣孔都擔當着重要的角色，氧氣、二氧化碳和水分都會在這些氣孔出出入入，植物就是靠着這些氣孔與外界交換氣體和把水分蒸發。

這些氣孔是由兩個細胞組成一個可以開合的小孔，氣孔一般都分佈在植物葉子的背面，只有少數物種的氣孔會出現在葉面上。葉子上氣孔的數量會受到位置、生存條件等因素影響而有所不同，就算是在同一棵植物上，每片葉子上的氣孔數量也不一樣。

不同植物種類的氣孔大小和形狀也不一樣，有些植物如大麥、小麥等禾本科植物的氣孔是啞鈴狀的；針狀葉植物如羅漢松的氣孔就是由兩個腰果狀的細胞構成。

氣孔之間的空隙會隨着不同的環境而變化，在有充足的陽光和水分時，氣孔通常會保持張開的狀態，相反地在缺乏水分時，氣孔就會關上。

除了在缺水的情況下植物會關閉氣孔外，植物在受到感染時也會關上氣孔，科學家估計是植物為了防止病菌進入植物內部所採取的一項自我保護機制。

另外，原來植物在強光下也會導致氣孔關閉，有研究指出白光和紅光都可以令植物的部分或全部氣孔關閉，不過當植物離開強光數小時後，氣孔就會再度打開，維持關閉的時間並不長。

植物會流汗嗎？

因為我們身體需要保持穩定的溫度，所以當環境的溫度上升，大腦就會發出出汗的指令，讓我們的汗腺開始工作，令身體會流汗以調節體溫，汗水便從毛孔裏冒了出來。但原來植物也會流汗啊！而且還是無時無刻也在流汗，難道植物也跟我們一樣，覺得天氣熱嗎？

植物流汗其實主要不是為了調節體溫，而是為了排放植物內多餘的水分，並提升傳送養分的能力。

我們一般認知植物根部是利用「毛細管作用」從土壤中吸取水分和養分，然後輸送到植物各部分。但有科學家的研究發現，毛細管作用在灌木等矮小的植物是可行的，但在高大的喬木上，就不足以把水分和養分輸送到樹頂。這時大樹就會透過枝幹頂端的葉子，不斷向外界釋放水氣，從而迫使水分和養分從根部向大樹的上半部分大量流動，這過程稱為「蒸散作用」。透過此作用，根部吸收的水分就像被泵了上來，能快速地把水分輸送到頂部，這種提升力就被稱為「蒸散拉力」，此時，水分便會透過葉子的氣孔排出來。

可是在晚上或潮濕的天氣下，因為水分難以在這種環境下變成水蒸氣，蒸散作用並不明顯，但根部仍然在不斷從土壤中吸水，單靠氣孔已經不足以把植物中多餘的水分排走。這時植物就會利用「泌液作用」以排出水分，水分會從葉子上的泌水孔排出，在早上我們看見葉子「滿頭大汗」，就是這個作用導致的。

而且科學家相信植物的「汗水」，不單只是水分，由於這些水分也是經過植物的全身才到達葉面，這些汗水會帶有糖等物質，因此會吸引昆蟲來吸食而有助植物傳粉，也有人類收集來用於製糖、釀酒等。

植物聽得到聲音嗎？

植物沒有耳朵，那它們能聽到聲音嗎？科學家研究發現，有些植物可能是具有聽覺的。

以色列科學家發現，月見草能聽見蜜蜂的嗡嗡聲。不管是養在實驗室內的月見草，或在戶外種着的月見草，每當月見草聽到蜜蜂翅膀振動時發出的嗡嗡聲，它就會在 3 分鐘內提升花蜜的糖分濃度。由於月見草需要蜜蜂幫忙傳粉，所以月見草聽到嗡嗡聲後提高花蜜甜度，就能吸引到更多蜜蜂。

阿拉伯芥則可能可以「聽到」毛毛蟲的咀嚼聲。科學家曾進行一個實驗，他們給一組阿拉伯芥播放毛毛蟲嚼樹葉的錄音，另一組則不播放任何聲音。結果顯示，暴露在咀嚼聲音下的阿拉伯芥，會分泌出較多毛毛蟲討厭的芥子油。

有些園藝人士認為音樂可以讓植物生長得更茂盛。不過科學家的實驗結果各有不同，因此尚未有共識。印度植物學者就發現一些農作物在播放着古典音樂和印度音樂的環境下，高度及重量都增加了，顯示音樂或許有助提高農作物產量。不過，西德廣播公司也曾經嘗試連續數日為向日葵播放不同聲音，其中包括了古典音樂，結果發現，暴露在不同聲音下的植物並沒有任何生長差異。

那麼，植物能聽到人聲嗎？在新冠肺炎疫情期間，不少人都在家工作，一名澳洲人就在家與他的蘭花相處了1年，他每天都會對着這盆蘭花說話；神奇地，這盆本來每年只開兩朵花的蘭花，最終在翌年盛放了13朵花。有人認為蘭花盛開只是運氣，有人認為聲波可以促進植物生長，也有人相信植物是可以與人溝通……植物能否聽得到聲音，看來尚待科學家進一步研究下去。

植物也怕曬？

我們都知道，植物會進行光合作用來製造養分，陽光對植物是相當重要。不過，原來不是愈多陽光就愈好，每一種植物需要光的程度都不同，有些植物可是喜歡日曬卻受不住烈日直射的！

與吸收水分一樣，植物也不喜歡太多或太少光線。若植物的葉子開始變黃但沒有脫落，那很有可能就是目前環境的光線過強，過多光線會令植物灼傷，甚至凋謝。我們可以按照植物對陽光的依賴程度，把植物分為陽性植物、陰性植物和耐陰植物三大類。

陽性植物是指喜歡在陽光充足的環境中生長的植物。它們不會因為日照過強而受傷，反而陽光稍稍減弱後，這類植物就會停止進行光合作用，因此它們在陰暗或弱光的環境下，就會發育不良。陽性植物的例子有玫瑰、蒲公英、蘆薈、松樹等，它們的葉子通常較小、較厚和粗糙，能夠反射光線。我們一般會在陽光充足的曠野、路邊或森林的最上層找到陽性植物。

陰性植物無法忍耐強烈的直射光線，是比較適合在弱光下生長的植物。陰性植物通常是常綠植物，如苔蘚、酢漿草、富貴竹等，它們大多生長在潮濕、陰涼、背光的地方或森林底層，葉子是又大又薄的。若將陰性植物放到陽光充足的地方，它們反而會因為過度的光合作用而受傷，這就像一個平常少運動的人，突然要他做大量運動，很易受傷一樣。

很多室內觀賞植物也屬於耐陰植物，例如虎尾蘭、鐵線蕨、肉桂、細葉棕竹等。顧名思義，耐陰植物可以忍耐陰暗環境，但其實它們也喜愛在陽光下沐浴。因此，若大家在家中種了一株觀賞植物，也需要間中把植物搬到室外，讓它接受陽光，耐陰植物在長期光照不足的情況下也會不好受的，新長的莖葉會變得稀疏。

植物有血型？

人類和動物有血型並不奇怪，但如果有人問你，植物有沒有血型？你一定會覺得匪夷所思，反問植物沒有心臟，也沒有血管和血液，怎麼會有血型呢？可是，日本一宗兇殺案令人們意外發現到植物原來也有血型。

有一天，日本法醫山本茂奉命協助偵查一宗謀殺案。一個婦女被發現死於牀上，經化驗後發現，死者的血型是O型，枕頭上則有微弱的AB血型反應，警方懷疑是一個血型為AB型的兇手作案，但案情卻一籌莫展，找不到兇手，陷入膠着。山本茂忽發奇想，決定試試化驗裝在枕頭內的蕎麥皮。「血型鑒定」結果令人感到驚訝——蕎麥皮竟然有AB型的血型！

這個發現引起了山本茂和科學家的濃厚興趣，此後，他們開始對多種植物的種子和果實進行了血型化驗。結果發現，蘋果、草莓等植物的血型為O型；葡萄、花椒等植物有B型血；布冧、桃等血型是AB型。

當然，植物體內是沒有血的，確切地說或科學地說，植物的「血」指的是「體液」。植物的體液含有蛋白質或血型糖的成分，與人體的血型相似。所以，如果使用人類的抗血清測試來鑒定血型，植物體液內的血型糖也會發生反應，從而顯示出植物也有類似於人類的血型。科學家認為，植物的血型可能對植物的生長、繁殖及遺傳方面均有影響，不過至今也還未弄明白，希望將來能得出更多研究結果。

植物怎樣知道春天來了？

春天來了，土壤裏的種子會發芽長大，樹木也會還紛紛長出新葉子和花朵……無論是藏在泥土裏，還有那些聳立大地上的，到底是誰告訴它們春天來了呢？是鳥鳴？還是蟲叫？

正確答案是「日照長短」和「溫度」。種子中的胚芽能夠感受到土壤的溫度以及日照長短的變化。秋冬的時候，由於日照時間縮短和氣溫降低，種子會減慢呼吸，胚芽進入休眠狀態。一到春天，氣溫開始變得和暖，日照延長，胚芽感覺到這種變化，便會開始「指揮」種子開始工作了。

種子的發芽過程可以分為三個階段。首先，乾燥的種子會快速吸水，種子的重量和體積急速增加，之後準備發芽。胚根會突破種皮，並向外伸長至土壤之中，再長出根、莖、葉，形成幼苗，最後破土而出。

在大地上的植物，又是怎樣知道春天來了？原來植物體內多含有可以感知到光線質素的「光敏素」，當春天來時，陽光增強，光譜的紅光較多，光敏素感應到這種變化後，它就會告訴植物「夜晚愈來愈短，春天來了」，然後植物就會逐漸長出綠葉和開花。

不過，近年全球各地天氣愈來愈熱，也令植物開花的時間提早，形成「春花冬開」的情況。例如寒冬中有數天短暫回暖，植物們就會被騙，誤以為是春天來了而開花。又例如在香港，本應在3至5月才開花的杜鵑、木棉，近年也常被發現1月便已開始開花。

氣候紊亂，植物提早開花，其實會打亂物種之間的互動和默契，例如幫助傳粉的動物如蝴蝶、蜜蜂等就容易錯過花期，影響牠們覓食，再影響繁殖及生存。另一方面，當傳粉動物減少，植物就更難傳播花粉。長遠來說，氣候變化會危害互相賴以生存的生物，物種也會逐漸走向滅絕消失的路。

年輪揭露大樹的年齡？

你見過倒塌折斷的大樹嗎？當我們把樹幹鋸開，看到橫切面上滿佈的一圈圈痕迹，就是年輪了，它可是藏着樹木年齡的秘密！大樹的年輪每過一年就會增加一圈，只要數數橫切面上有多少個圈，就可以知道這棵樹的年紀了。

年輪是怎樣形成的呢？在春夏季，雨水較充足，樹木也因此會生長得較快，樹木「形成層」會快速分裂出體積較大的早材細胞，形成年輪中較寬及較淺色的部分——「春材」（不是蠢材）。到了秋冬季，氣溫下降，降雨量減少，樹木減慢生長速度，形成層的細胞停止分裂，就會形成年輪中較窄和顏色深的「秋材」。樹木年復一年、季復一季地經過陽光、雨水充足和不足的日子，慢慢就形成了深淺交替的年輪。

由於年輪的出現是需要季節更替及其間的雨水量差異。生長在全年都有充沛陽光和雨水地區的樹木，例如赤道附近，年輪往往不明顯或根本沒有年輪。

由於陽光、雨水、溫度等因素都影響着年輪的生長，所以年輪其實將氣候、環境的歷史一圈一圈地記錄了下來，當中藏有很多珍貴的大自然紀錄。植物學家因此發展出「樹木氣候學」，就是透過觀察年輪解讀過去氣候和環境變化的大自然奧秘，例如重建過去發生的自然災難事件，又或了解全球暖化如何觸發雪崩。

那麼，我們一定要砍開樹木才可以知道這些寶貴的資訊嗎？別擔心，植物學家們通常會用一種名為「生長錐」的小儀器，鑽入樹木採集木芯樣本，由於生長錐鑽洞不大，所以不會破壞樹木的正常生長。有些專家更會在檢查木芯樣本之後，將它插回樹中，這樣可以幫助樹木自我治療，並能防止害蟲的侵害。隨着年輪和樹木氣候學的研究不斷深入，年輪的紀錄可以幫助人們了解大自然的歷史軌跡之外，也許還可以反過來幫助人們預測未來。

捕蟲樹陷入三角關係？

植物們為了生存，會不斷自我進化，有的植物為了生存，則會選擇與他人合作。南非有一種罕見的食蟲植物——蛇髮捕蠅幌，名為「捕蟲樹」，它就與兩個好朋友一起互相依靠而生存。

捕蟲樹生長在南非的山區，沙質的土壤十分貧瘠，沒太多營養，所以它為了能夠在寸草不生的土地中繼續生存，就發展出一個捕捉昆蟲的技能。

究竟捕蟲樹是怎樣捕蟲？捕蟲樹經歷長期演化，葉面長出有黏液的毛，這種黏液能夠吸引昆蟲前來。當蒼蠅等飛行昆蟲來到時，會即時被牢牢黏住，有時更能捕捉到蝴蝶或蜻蜓之類的大型昆蟲。

不過，捕蟲樹有捕蟲能力，卻沒有食蟲能力啊！當捕蟲樹黏住小蟲後，它需要依靠它的節肢動物朋友——刺蝽和花葉蛛，來幫忙吃掉獵物。刺蝽有一項獨特能力，可以在捕蟲樹上自由行走而不被黏住，就能隨時隨地吸食被黏住的昆蟲。花葉蛛也會吃昆蟲，當牠們消化和分解昆蟲後，排泄物會跌落樹下，再被捕蟲樹吸收。

花葉蛛更厲害的地方是，牠除了捕食昆蟲之外，也會捕食刺蝽。科學家發現，當刺蝽太多而捕蟲樹又沒有黏住足夠昆蟲時，刺蝽就會開始吸食捕蟲樹的汁液。這樣，捕蟲樹的健康就會受影響了。所以，花葉蛛的存在就非常重要，因為牠可以吃掉樹上過多的刺蝽。

大自然生存法則從來都是無比艱辛，在捕蟲樹、刺蝽和花葉蛛的三角關係中，捕蟲樹不能沒有刺蝽，也需要花葉蛛，而刺蝽和花葉蛛亦需要捕蟲樹提供食物和住所。牠們的共生關係看似和諧，想深一層，其實三者都是心機滿滿、爾虞我詐、相互制衡呢！

青草的香氣是求救信號？

當我們踩在草地上時，總是會聞到陣陣迷人的芳香，不過，清新的香味，原來是青草求救和警告的信號！

植物學家發現，當植物受到昆蟲、感染或機械（如除草機）等的傷害時，會散發一種名為「綠葉揮發物」的物質，綠葉揮發物含有氣味獨特的醛類及醇類，這就是香味的來源。這些香味除了會飄進人類的鼻孔外，也會被其他植物、吃植物的昆蟲和吃昆蟲的捕食者聞到。

綠葉揮發物的作用有很多，第一就是用來自救。當植物的身體受傷後，植物會將綠葉揮發物匯聚在傷口處，刺激傷口趕快再多生成一些新細胞，快點復原，或是用來抵抗細菌，防止傷口被感染。

第二，植物受傷時，可以靠綠葉揮發物來向它的朋友發出提醒信號，當其他植物接收到警告信號後，就可以趕快作出防禦。例如某株植物的花朵被動物踩到的時候，它就會向鄰近的植物發出「我失去花朵」的信息，當其他植物得知這個消息後，就會迅速將養分從花朵轉移到根部，減低傷害。

綠葉揮發物還有呼喚求助的信號！有些植物經常遭到小蟲啃咬，它們就會釋出綠葉揮發物，吸引其他肉食昆蟲前來驅趕小蟲。

不過，有趣的是，植物生態學家在觀察後發現，雖然植物在受傷後都會散發綠葉揮發物，但由於受傷原因不同，散發的味道也有略有不同。例如有種肉食昆蟲，只會對被「煙草天蛾」啃食過的植物所散發的味道吸引，對植物因人為割草所產生的氣味則不感興趣。換句話說，被煙草天蛾吃掉的植物會發出特定氣味，向掠食者說「附近有好吃的煙草天蛾，快來快來！」

話說回來，芫荽的氣味其實也有綠葉揮發物的存在，所以我們吃芫荽時，可能它們是在瘋狂地喊救命啊！

海底有植物嗎？

海底當然有植物！而且海洋世界的千姿百態不比陸地少啊！在浩瀚而深邃的海洋裏，有超過1萬種植物。

海洋的植物如此之多，因此科學家們會把海洋植物簡單地分為種子植物和藻類植物兩大類，種子植物有海草、紅樹林等，藻類植物就如綠藻、褐藻、紅藻等。種子植物必須在陽光能照射到的淺海區生存，藻類植物則可以在深達200米的海底裏成長，例如紅藻就是這類生命力頑強的海底植物。

海洋植物以藻類為主，海藻是原始的海洋植物，其中包括有綠藻、褐藻、紅藻及藍藻。藻類形狀各有不同、有大有小，最小的藻要靠顯微鏡才能看清，最巨大的藻可長達數百米，例如美國西海岸的巨藻，就是海底森林世界的巨無霸。

海藻全身都含有葉綠素，可以自行透過光合作用製造有機物，是食物鏈的初級生產者，是各種小魚、貝殼類等生物的糧食，對維持整個海洋生態平衡十分重要。

除了海藻，海洋裏還有海草。海草雖然叫「草」，但其實它是唯一完全淹沒在海水裏仍能生存及開花的植物。多得有海草，使海洋裏也有草原！海裏的草原由一大片海草牀構成。全球的海草分佈在120個不同的國家和地區，亞太海域是海草物種的高密度分佈區，就連香港的海域也有海草生長。香港發現有5種海草，當中分佈最廣的是喜鹽草，而香港面積最大的海草牀位於印洲塘，面積達2公頃，是香港非常稀有的海草牀。

海草牀是非常重要的海岸生態，因為海草牀可以積存很多有機殘餘物和海藻，這些都成為了海洋生物的糧食，也提供了棲息地給海洋生物，同時可以保護珊瑚礁不被狂風大浪破壞。

植物能在兩極生長嗎？

大家都知道，北極和南極的氣候非常寒冷，冬季最低氣溫可低至攝氏零下50℃或以下，部分地區全年被冰雪覆蓋，嚴寒的冬天長達半年以上。在這麼酷寒的天氣下，有植物能生存嗎？

答案是有的！北極和南極都有植物能生存的，而北極的植物品種及數量都比南極多，北極的開花植物就有100多種、苔蘚500多種，地衣更多達2,000多種。植物到底是如何在這麼天寒地凍的氣候下存活的呢？現在就讓我們來認識一下兩極的植物。

北極最常見的植物是北極苔蘚，它們只能在北極中短暫的夏天時生長，全年中的其他時間，因為天氣寒冷而且岩石上鋪滿了雪，它們要減緩自己的新陳代謝，就像動物冬眠一樣，等待夏天的回來，然後再重新生長。

除了苔蘚，北極棉草也是較常見的，這種植物主要生長在泥地，同樣到夏天時就會開花，花朵就像一顆顆的毛毛球，它以白色的絨毛包裹着自己，能夠保護自己的種子免受凍傷。

南極的植物物種數量則不及北極，主要都是地衣和苔蘚，開花植物只有兩種，分別是南極髮草和南極漆姑草。這兩種植物都能夠在極低溫的環境下存活，是非常耐寒的物種，甚至可以在冰凍的情況下開花。

南極髮草在夏天積雪融化後，就快速地長出枝葉，並完成繁殖過程。它的外觀看來就像一團團人的頭髮鋪在地上，因此命名為髮草；南極漆姑草在夏天會長出一朵朵的小黃花，這種形態帶給它一個別名叫「南極珍珠草」。

可是，隨着全球暖化問題日益嚴重，南北兩極的氣溫都愈來愈高，令北極的植物愈長愈快，也愈來愈高；上述南極的兩種開花植物近年的分佈面積就變得愈來愈廣等，這些情況都會影響兩極本身的生態系統，繼而加劇全球暖化，造成的影響非同小可，是科學家非常關注的問題。

紅樹林是
海上的森林？

紅樹林一般出現於熱帶及亞熱帶地區的鹹淡水交界河口中，會同時受到海洋潮水和淡水河流的沖洗，是陸地向海洋過渡的特殊生態系統。漲潮時，很多紅樹會被淹沒在水中，因此紅樹林又被稱為「海上的森林」。

紅樹林的樹木都是綠色的，為什麼會叫做紅樹林呢？這是源於紅樹科植物含有大量單寧，當單寧在空氣中氧化，樹幹、樹枝和花朵都會呈紅褐色。由於紅樹生長於泥土鬆軟的潮間帶，也會經常泡在海水中，所以紅樹形成特殊的構造，例如葉子具有鹽腺，能排走多餘鹽分。

每一個紅樹林群落都像森林一樣，有多種植物和動物品種繁衍生息。紅樹林的落葉和枯枝吸引海洋生物來覓食，所以各類幼魚、蟹、蝦等無脊椎動物和其他沿海動物都有前來棲息和繁殖。此外，每年秋冬季，紅樹林還會迎來大批候鳥如黑臉琵鷺、黑嘴鷗、黃嘴白鷺等珍貴瀕危物種前來休養生息。

本港有大約60個紅樹林，總面積約624公頃，分佈於6個區域：西貢、新界東北、吐露港、后海灣、大嶼山和香港島。全港最大的紅樹林位於米埔，這片土地遍佈紅樹林、基圍、淡水池塘、潮澗帶泥灘、蘆葦叢、魚塘等濕地生境，有許多野生生物在此定居。不過米埔自然保護區屬於禁區範圍，遊客必須向漁護署申請通行證，或參加世界自然基金會香港分會舉辦的公眾導賞團方可進入。

全球共有61個真紅樹植物品種，而香港有其中8種，包括秋茄樹（水筆仔）、海欖雌（白骨壤）、桐花樹、鹵蕨、海漆、銀葉樹、木欖和欖李，它們全部都可以在荔枝窩紅樹林找到。該處的泥灘也是招潮蟹、彈塗魚等生物的棲息地，有着豐富的生物多樣性，交織成一片景色怡人的自然風光。

植物的超能力

為什麼有些花朵會散發氣味呢？

花朵的香味，常常令人十分難忘，聞起來都有清新幽香的氣味，總令人煥然一新，大人小孩都很喜愛。不過你知道嗎？其實有香味的花朵只屬少數，大部分的花其實都是不香的，甚至還有些花是臭的啊！為什麼有些花朵會有不同的氣味呢？又為什麼有些什麼氣味都沒有呢？

香味其實是一種可以吸引傳粉者的化學信號，昆蟲會被香味吸引來採花蜜。在採花蜜時，雄蕊上的花粉會黏到昆蟲的身上，然後昆蟲就會帶着花粉到下一朵花，就可以幫花朵傳播花粉。

我們覺得有臭味的花朵，其實也是同一個道理，花的氣味都是吸引傳粉者，只是吸引到的是不同的昆蟲，而不是我們罷了。花朵的氣味更可以讓昆蟲分辨出不同的植物，使牠們能正確地到達自己想要吸食的花朵上。

一般來說，有着香甜味道的花，會吸引例如蜜蜂和蝴蝶的傳粉者；帶着腐爛氣味的花，會吸引例如蒼蠅和甲蟲的傳粉者。我們稱這種依靠氣味吸引傳粉者的花為「蟲媒花」。

花朵是香還是不香，分別在於花裏有沒有稱為油細胞的芳香物質，油細胞能分泌具有香氣的芳香油，散發出誘人的香氣。不同植物品種的芳香油中含有不同的物質，因此不同的花朵聞起來的香味也不同。

那麼聞起來沒有香味的花，又可以怎樣吸引昆蟲幫助傳播花粉呢？不用擔心，因為花朵還有不同的方法吸引傳粉者，沒有香味的花，會利用自己鮮豔的色彩去吸引傳粉者。

有些花更不用依靠傳粉者，可以「靠自己」去傳播花粉，例如依靠風力傳粉的「風媒花」；依靠水流傳粉的「水媒花」，自然界真的是無奇不有啊！

為什麼花朵五顏六色？

我們平常看到的花朵都是色彩繽紛的，什麼顏色都有，原因是花朵內含有多種不同的色素，令花朵呈現出各種美麗的顏色。

其中一種常見的色素是花青素，花青素是一種很敏感的色素，只要周圍環境有少許變化，它都會立刻變色，例如遇到酸性時會變成紅色，遇到鹼性時就會變成藍色；溫度的改變也會令花青素變色，因此有些花朵可以在一天裏變成不同顏色，就像牽牛花，它的花瓣在清晨是粉紅色的，之後隨着氣溫升高就慢慢變成紫紅色，再慢慢變成紫藍色，這就是因為一天內花瓣的酸鹼度和周圍溫度發生了變化，令花青素隨之而變色。

另外還有一種常見的色素是類胡蘿蔔素，這種色素能帶給花朵類似紅蘿蔔的橙黃色或橙紅色。色素含量的差異會影響花朵呈現顏色的深淺或模式，所以就算是同一種花，我們也能看到不一樣的深淺顏色和花紋。

那麼，白色和黑色的花朵又代表了什麼？白色的花朵是什麼色素都沒有嗎？黑色的花朵是因為有太多色素嗎？事實上在自然界並沒有真正純白色或純黑色的花朵，所謂的白色花其實也帶着一點肉眼難以察覺的淺黃色，例如奶油白、象牙白等，所以它們還是帶着少許黃色色素；黑色的花朵其實也只是深色得像黑色而已，其實這些花朵都是深紅或深紫色的。不過就算它們不是黑色，但可以達到這種深如黑色的花朵在世上也不多，有專家對數千種花朵進行研究，但只有8種花可以如此深色，例如黑玫瑰、黑牡丹等。

你一定已經發現黑色花朵的種類特別少，這是由於黑色特別能吸光和熱，令花朵在太陽下會快速升溫，以致花朵的組織很容易受到灼傷，結果在進化下，黑色的花漸漸被淘汰，品種就變得愈來愈少了。

植物可以隨時改變體溫？

人類的體溫一般維持在攝氏37℃，那麼植物有體溫嗎？答案是有的，科學家研究發現，世界上所有生物、包括植物，都是有體溫的，而它們都喜歡生活在特定的溫度之中。那麼，植物的體溫是多少呢？

人類是恆溫動物，即是無論是炎熱或寒冷，由於我們體內有完善的體溫調節系統，因此體溫會維持在攝氏37℃左右。不過大部分植物都沒有固定的體溫，它有一個神奇才能，就是可以隨時改變自己的體溫。這些植物名為「變溫植物」，它們身上沒有體溫調節系統，一天之中，植物的體溫會隨着外在環境的溫度、陽光、濕度、蒸騰而不斷改變。比如植物在日間進行光合作用時，葉子上的氣孔會張開，水分就會經由氣孔流失，並汽化成水蒸氣。同時，從葉面蒸發掉的水分會帶走多餘的熱力，令植物的體溫下降，這也類似我們人類流汗的過程。

更有趣的是，一棵植物內的不同部位，體溫也各有不同。例如有實驗數據顯示，葡萄果實的表面溫度比葡萄藤葉子的高，而果實內部的溫度會再比果實表面高！如此看來，植物的體溫確實是複雜多變。

雖然植物可以散發熱力，不過，大多植物的自我保溫能力都不強，因此在寒冷的日子，許多蔬果樹木很易被凍傷呢！

除此之外，植物在生病的時候，也會像人一樣發燒。植物體溫過高會破壞葉綠素，令植物得不到足夠營養。植物生病時，根部吸收水分的能力就會下降，當植物「口渴了」，體溫就會升高。不過我們人類生病的時候，往往都是在晚上發燒；但植物生病的時候，會在日間發燒。

為什麼樹葉落地時總是背面朝上？

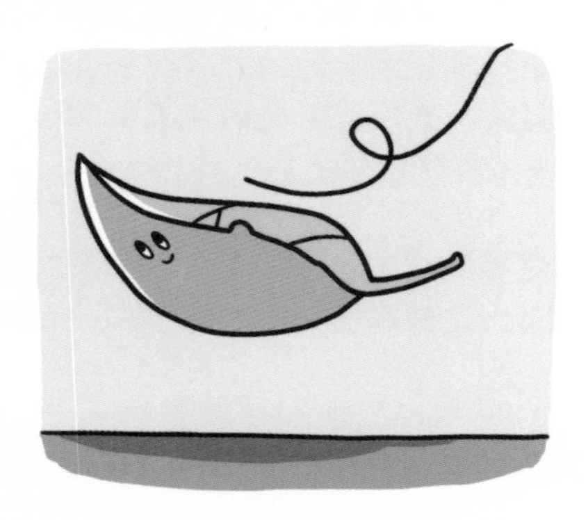

秋天時，枯黃的樹葉悄然飄落到地上，不知道你有否注意過，樹葉落地的時候，總是葉背朝上、葉面朝下。你可能會說這是風吹的，原來這可不是偶然發生的事。那到底是有什麼原因呢？

原來這是由於葉的內部結構造成的，葉背和葉面在植物生長時所接受陽光量有顯著的差異，所以葉子兩面的結構是不同的。葉面上主要分佈着豎長方形的「柵欄組織」，這類細胞含有大量的葉綠素，接收陽光及利用空氣中的二氧化碳製造養分，這些細胞緊密排列在葉面上，密度和重量較大。葉背則以密度和重量都較小的「海綿組織」為主，這類細胞形狀多樣，有較少葉綠素，細胞鬆散地在葉背排列。

所有東西在自由落下的過程中，都是重的先墜地，密度較小、較輕盈的部分在上面；而密度大、較笨重的部分在下面。將原理應用在樹葉上，葉面重而葉背輕，所以飄落到地上的時候，背面就會向上，正面就朝下了。

話說回來，為什麼天冷了，樹木就要脫下身上的樹葉？原來這是樹木的自我保護機制。秋冬的時候，天氣變得寒冷乾燥，土壤中的水分也隨之減少，滿足不了樹木的需要。此時樹葉中就會產生一種賀爾蒙——離層酸，來減少體內的水分被蒸騰。當離層酸輸送到葉柄時，會形成一層「離層」，使水分不能再正常地輸送到葉子裏；葉子由於再也得不到水分，就會逐漸乾枯，經風輕輕一吹，便會飄零落下。而落在土壤上的枯葉，會化作樹木的肥料。當春天來臨，新的葉子便會再次從樹上長出。

葉子一到秋天就變色？

每逢到了秋天，樹葉就由綠色變為金色、橙黃色、紅色等，最終掉落成為落葉。為什麼葉子一到秋天就擁有變色的才能？原來，主導這些顏色變化的，是植物體內豐富的天然色素。

植物體內含有許多色素，主要的色素有呈綠色的葉綠素、橙黃色的葉黃素和類胡蘿蔔素，以及會變色的花青素。色素除了會影響植物呈現的顏色，也有着不同功能。

植物進行光合作用來製造養分，而這個過程需要葉綠素的幫助。春夏天日照時間長，植物就會活躍地進行光合作用，使葉子含有豐富的葉綠素，於是，葉綠素會掩蓋葉黃素及類胡蘿蔔素，因而令葉子顯現出綠色來。

到了入秋之後，天氣變得乾燥，日照時間變短，葉綠素合成的速度變慢，而植物為了保存體內的水分和養分，就會加速分解葉綠素，葉子內的葉綠素含量就會下降，「隱藏」的葉黃素及類胡蘿蔔素就會隨即佔據優勢，逐漸主宰樹葉的顏色，而令葉子呈現黃色和橙色。

花青素與光合作用無關，不過是令葉子變紅的原因。秋天天氣變得寒冷，植物輸送養分的能力變差，葡萄糖不能傳輸出去，只能被留在葉子裏，葡萄糖和葉黃素在陽光作用下會逐漸生成花青素。秋天時植物細胞是酸性的，而花青素在酸性環境下會呈現紅色，而氣溫下降又令葉綠素逐漸消失，因此綠葉變成了紅葉了。

不少香港人也會在秋天到郊區欣賞紅葉，抬頭一看，紅葉有如佔據了整個山頭，美得令人屏息。根據漁護署介紹，香港有5種紅葉，包括楓香、嶺南槭、烏桕、山烏桕和木蠟樹。各種樹葉外形不一，各顯美態。

仙人掌會整容？

仙人掌的原產地是長年炎熱乾旱的沙漠，在那兒，普通植物很難生存下去。為了能在沙漠生存下去，仙人掌在漫長歲月下，不斷地改變着自己的外表，以最有效的方法為自己留住水分。

首先是改變葉子的形狀。大家可能會疑惑地問：仙人掌表面都長滿了針刺，哪裏有葉子？其實，仙人掌是有葉子的，那就是它渾身的刺！為什麼仙人掌要把葉子變成短短的小刺？雖然大面積的葉子可以進行大量的光合作用來製造養分，不過仙人掌每天在炎熱的沙漠下暴曬，乾旱的土地又不能提供足夠的水分，植物體內的水分可是會被太陽通通蒸發掉，然後枯死！因此，仙人掌就把自己的葉子變成針狀，就可以減少進行光合作用的面積，減慢水分流失的速度，有助適應乾燥的環境。

由於仙人掌已把葉子退化成為刺狀，所以它也把莖部的功能改變了。第一是把光合作用的重大責任就落在莖部。仙人掌的莖是綠色，即是含有葉綠素，可以代替葉子進行光合作用，製造營養。仙人掌也非常聰明，它只會在陰涼的環境下才會打開氣孔，以減少水分的流失。莖部第二個功能就是儲存水分，仙人掌的莖部肥肥大大的，表面有蠟質，也是用來保護體內的水分。

仙人掌的根也很特別。沙漠長年乾旱，很少下雨，土壤的保水能力也很差，所以仙人掌只會淺淺地扎根在地上，大約地下15至30厘米深，但根部會積極向四周延伸，有的可以向外伸展30米，覆蓋面積範圍非常大，方便它們在下雨時吸收最多的雨水。仙人掌必須搶在在寶貴雨水被土壤吸收或太陽蒸發前，把水分吸光光！有些品種的仙人掌更會有肥大的鬚根，成為了儲水的主要器官。

仙人掌為了生存果真聰明，經過整容後的葉子、莖和根部都是對付乾旱缺水環境的最佳武器啊。

無花果將花朵藏起來了？

相信很多人都吃過無花果，不過大家一直被它的名字欺騙了——無花果是有花的，只不過它把自己的花朵藏起來了；無花果也不是果實，它其實是一個肥大的花托！

無花果是一個囊狀形的花托。花托的功用是支撐和保護花朵，一般來說，花的各個部分如花萼、花冠會生長在花托的上面，不過無花果把自己的花朵藏到哪兒了？

無花果的花其實就藏在花托的內部。剖開無花果後看到裏頭一條條紅通通的絲狀物，就是無花果的雄花、雌花及無性花了。所以，無花果不但有花，而且花還不少呢！

我們都知道，植物的花朵都是外露的，方便風、昆蟲等來幫忙傳播花粉。那麼，花朵居於深閨的無花果是怎樣傳粉和繁衍呢？

無花果原來是靠身長只有2毫米、叫做「榕小蜂」的昆蟲來傳粉。榕小蜂是在無花果裏出生和長大的，會像魔術貼一般黏着無花果的花粉。成長後的雄蜂和雌蜂會在無花果內交配，當交配成功後，雄蜂就會在無花果咬出一個通道，讓即將變成媽媽的雌蜂飛出去找另一顆無花果產卵。雌蜂則會帶着花粉從通道離開，找到一顆適合的無花果後，就會鑽進去產卵，也順道幫助了無花果傳粉。

雄蜂一出生就沒有翅膀，牠在咬出通道後就會在無花果內死去。而雌蜂在無花果叢中鑽來鑽去的期間，則會折損翅膀，最後完成產卵後也會在無花果死去。所以有人會問，吃無花果不就會吃到榕小蜂的屍體嗎？其實，目前絕大多數售賣的無花果都是經過人工授粉的，所以我們不用擔心會吃到屍體！

值得一提的是，原來無花果亦被稱為「榕果」，因為它是榕屬植物。香港市區常見的細葉榕、對葉榕，也是榕屬的植物呢。世界上有不同品種的榕屬植物，榕果構造各有不同，所以每一種榕屬植物都有獨一無二的榕小蜂呢。

向日葵
晚上會跟着月亮轉嗎？

向日葵，又稱太陽花。向日葵並不是整個成長期都朝着太陽的方向轉動，它只會在發芽到花盤盛開之前的時間追隨太陽，每天從東邊轉向西邊。當花盤成熟後，花盤的方位就會保持面向東方，直到衰老凋萎，這是植物界裏的少數奇異特徵。為什麼年幼的向日葵會隨着太陽轉動？向日葵晚上又會跟着月亮轉嗎？

我們首先了解為什麼向日葵會向着太陽轉，據科學家解釋，這是因為向日葵莖部的「植物生長素」在作怪。植物生長素就像人體的生長激素，負責向細胞傳達工作資訊，指揮着植物趕快長大。不過向日葵的生長素有一點特別，它是怕光的，當莖部的生長素遇上陽光，就會立刻跑到背光的地方躲避起來，因此向光面的生長素濃度低，背光的一面濃度高。這樣，向光的一側會長得較慢和較矮，背光的一面則長得較快和較高，莖部也就因此彎曲，像是向着太陽旋轉。

那麼太陽下山後，向日葵晚上又會跟着月亮轉嗎？當天剛剛開始變暗時，向日葵依然是朝向偏西方。隨着光線徹底消失，光照引起植物體內生長素分佈不均的現象也會減弱，反而重力會起作用，將向日葵植株挺直。所以，向日葵晚上並不會隨着月亮轉動。

根據向日葵的生長特性，人們賦予了它許多美麗動人的故事，在希臘神話中，向日葵就有一個淒美的愛情故事。一位名為克萊蒂亞的水澤女神，有一天她經過森林時，看到了威風凜凜的太陽神阿波羅，她對阿波羅一見鍾情，可是阿波羅對克萊蒂亞沒有興趣，對她不瞅不睬。不過克萊蒂亞沒有灰心，她每天仰望天空，看着阿波羅駕着太陽車劃過天空，直至他下山。最後，眾神憐憫克萊蒂亞，將她變成了一朵向日葵，她的手腳永遠扎在地上成了根部，臉蛋變成花盤，永遠追隨着太陽。

含羞草
為什麼會害羞？

只要用手碰一下含羞草，它的葉子就會馬上合攏，過一陣子後才會重新打開，你知道為什麼嗎？難道它們真的很害羞嗎？

其實含羞草並不是「害羞」，這只是含羞草葉子的「膨壓作用」。含羞草的葉柄下有一個胖鼓鼓、充滿着水分的「葉枕」，平日葉枕內的水分會支撐着葉子。不過，葉枕十分敏銳，對外界刺激的反應很敏感，當我們用手碰到含羞草時，葉枕感受到震動，葉枕內的水分就會立刻流到其他地方，於是葉枕就好像泄了氣的皮球，葉柄因此下垂。在葉子受到刺激的時候，也會產生一種生物電，將受到刺激的信息傳送給其他葉子，其他葉子就跟隨依序一起合攏起來。當刺激消失後，葉枕會逐漸充滿水分，葉子之後就會重新張開，恢復原狀。

膨壓作用是含羞草自我保護的方式。由於含羞草原產於南美洲的巴西，當地經常有猛烈的暴風暴雨，所以每當葉子碰到雨點或遇上疾風時，含羞草就趕快合攏所有葉子，以躲避狂風暴雨帶來的傷害。

除了葉子外，含羞草的莖部也相當有特色。含羞草有很多的刺毛長在莖上，這是防止被動物獵食的方法。不過，有些人類也好像很害怕這些刺毛，數年前有家長向漁護署投訴郊野公園的含羞草會刺傷小朋友，最終一片野生的含羞草被剷走。現時，含羞草在香港的蹤影也愈來愈少，大家要且看且珍惜。

樹木是
物理學家？

雖然植物界無奇不有，不同的樹木和花草的顏色形狀各有分別，不過你有發現樹幹都是圓柱體的嗎？世界上可沒有長方體或三角柱體的樹幹。樹木為什麼都是圓柱體？看完這篇後，你會發現，原來樹木是物理學家！

樹幹有兩大作用。第一個功能是支撐起高大的樹冠，令葉子高於其他植物，爭奪到光線。再想想樹木結出碩果纍纍的果實後，樹冠掛上成百上千的果實時，樹冠就更重了。而圓柱體是支撐力之王，比長方體、三角柱體穩固啊！因為圓柱沒有轉角處，所以整個柱體都能夠均勻分擔壓力，足以承受更大的重量。

樹幹也是營養物質的主要運輸通道，一方面將根部吸收到的水分向上運送；再把葉子製造的養分運送到其他器官消化或儲藏。相比起長方體或三角柱體，在表面面積相同的情況下，圓柱體的容量是最大的，所以圓柱體的樹幹通道可以運送到最多的營養，也是最暢通無阻的。試想想我們日常生活中看到的煤氣管、水管等，都是圓柱體的，也是同一原理。

此外，小樹苗要茁壯成為參天大樹，它的一生必定要抵抗外界環境的各種考驗，例如自然災害或動物的侵襲等。在同樣的體積下，圓柱體的表面面積是最小的。當表面積愈小，受傷害的地方也愈小。因此，圓柱體的樹幹是最理想的樹幹形狀了，我們也可以在日常生活中看到類似的結構，例如電線桿、街燈等。你還能想到其他例子嗎？

不知道你有沒有發現，物競天擇，適者生存，自然界中的所有生物為了生存，總是朝着能夠適應環境的目標而演化，了解完樹幹長成圓柱體的原因後，真的感到生物為了生存下來，都累積了很多智慧，成為不同領域的專家了。我們也要多多向植物學習呢。

植物是數學家？

植物的形態是千變萬化，看似雜亂無章地生長，但想也想不到，原來植物是會計數的！在植物的生長特性中，我們可以發現數字及數學，十分有趣！植物們最喜歡的數字，就是1、2、3、5、8、13、21、34、55、89、144⋯⋯你能找到這些數字的規律嗎？

這些數字可不是無規律的數字，仔細看看：從「3」以後的每一個數字，都是前兩個數字之和，即3+5=8、8+13=21。這個數列也被稱為「斐波那契數列」。

植物學家在一些植物的枝莖、花瓣、萼片、果實的數目中發現到斐波那契數列的蛛絲馬迹。例如百合和鳶尾有3片花瓣、梅花和山茶花有5片花瓣。

在向日葵的大花盤裏，葵花籽會排列成兩組螺旋線，一組以順時針方向盤旋着，另一組則以逆時針方向盤旋。小一點的花盤，順時針螺旋線的排列數目有13條，逆時針方向的有21條；較大的向日葵花盤，螺旋線數目則是34條及55條，這些數字也是斐波那契數列中相鄰兩項的數值。除了葵花籽之外，松果的鱗片、菠蘿外皮的六角形鱗片和多葉蘆薈的葉子也是按着螺旋形態去排列。

植物為什麼要按照這個規律來擺放自己的葉子、花朵或果實呢？有數學家提出，以斐波那契數列的形式來排列的種子，是排列得最緊密，花盤也是最堅壯，產生後代的機會率亦是最高！

除了斐波納契數列，很多植物的葉子和果實幾乎按照137.5°的間隔在生長，這個數字可是數學中的「黃金角」呢！數學家發現，按照這個角度排列的葉子，不但能很好地嵌在一起，而且互不重疊，每片葉子也可以最大限度地獲得充足的陽光，有效地提高光合作用的效率。

這些展現在植物之中的數學，真是十分美妙。自然界的植物為了更好地生存，它們已經進化成深懂數學的數學家啊！

植物有哪些防禦武器？

植物因為無法移動，在自然界中好像總是處於劣勢，彷彿會逆來順受地被動物吃掉，或被天災摧毀。不過植物可不是坐以待斃的，它們在進化過程中，形成了各種各樣自衛方法來保護自己。

有些植物如玫瑰花和仙人掌都長有刺，會使出「物理攻擊」來對抗敵人。植物的利刺可以分成不同種類，包括從植物的表皮細胞變形而成的皮刺、從枝條變形而成的枝刺，也有由葉片變成的葉刺。植物的利刺，除了可以防止自己被動物啃食外，還可以避免被動物踩踏而受傷。

許多植物含有有毒物質，以「化學武器」來自衛。例如夾竹桃全身都是有毒的，葉子、皮、根部、花粉和汁液包含着多種毒素，人類和動物吃到後都可能致死。又好像金合歡，當動物啃咬金合歡樹的葉子時，金合歡會在10分鐘內增加葉子中的單寧酸濃度，試圖毒死敵人。異株蕁麻更會結合尖刺和毒性這兩種武器，從而產生更有效的保護。它的莖葉表面上遍佈容易折斷的毒刺，當動物碰到它時，毒刺就會刺入動物的皮膚，造成劇痛。

生石花則是「偽裝術」的高手，它的外形像鵝卵石一樣，也有各種顏色，使它們看起來像是一顆顆石頭。生石花僅在開花季節時才會開出大花，因此，在其他時節，它的外形、紋理和顏色都能夠融合四周環境，避免被動物發現並吃掉。

除了自衛外，聰明的青豆就想到了「敵人的敵人是朋友」這反擊手段。當青豆遭受蟎蟲「二點葉蟎」侵襲時，青豆會釋出化學物質，呼叫另一類肉食性蟎蟲「智利小植綏蟎」前來，而智利小植綏蟎正正就是二點葉蟎的敵人！很快，智利小植綏蟎就將二點葉蟎都消滅得乾乾淨淨了！青豆能識別侵略者，再拉攏敵人的敵人成為救兵，大家統一戰線，這真是一個動植物合作的神奇例子呢。

植物之最

哪朵是世界上最大和最小的花？

世界上最高大的花可以高達3米，而最細小的花卻小得不足1毫米，相差真的很大啊！你知道它們是什麼花嗎？

世界上最大的花是巨花魔芋，又名泰坦魔芋，它來自於印尼西蘇門達臘的熱帶雨林。如果你看見它，可能會被它嚇一跳，因為它的花最高可達3米。試想像一下，你面前的這朵花就像一輛小巴一樣高！

不過這朵巨花魔芋雖然高大，但它一生只開3至4次花，開花時間也很短，從開花到凋落的時間只有短短兩天，然後又要再等上數年才會再開花。

巨花魔芋還有一個別名叫「屍花」。原因是因為巨花魔芋開花時會散發惡臭，聞起來的味道和腐爛中的屍體一樣，不過這種惡臭其實都是吸引傳粉者的手段，只是巨花魔芋吸引的是吃腐肉為生的甲蟲或蒼蠅。雖然巨花魔芋這麼臭，但由於它開花時間短、次數亦不多，有很高的觀賞價值，所以每次開花時都仍然會吸引到不少人慕名而來。

世界上最小的花，是一種小到憑肉眼無法看見的花朵，它的名字叫「無根萍」。無根萍不單是最小的花朵，連帶它的果實也是最小的。它的花朵最小只有約0. 4毫米，就算有十數朵無根萍花聚在一起，才勉強有針頭般的大小，如果只有一朵兩朵，我們用肉眼根本看不到它們。

無根萍是生活在水面的水生植物，因此我們可以在池塘或者稻田上找到它們。不要小看它體型細小，它可以在其他水生植物的葉片之間，或浮葉上面水滴裏的狹小空間生活着。在適合的環境條件下，無根萍更可以輕易地大量複製繁殖，然後迅速佔領整個水面，是一種善於利用剩餘空間並在夾縫中生存的小植物。

哪顆是世界上最大和最小的種子？

世界上最大的種子和最小的種子分別有多大？最大的種子長30厘米，最小的種子僅長0. 01毫米！

來自印度洋島國塞舌爾的海椰子，是世界上最大的種子，也是最重的種子。它長30厘米，重逾2公斤，外表呈橢圓形，長得像人類的兩瓣屁股。由於種子特殊的形狀和驚人的大，海椰子生長和發育極慢，種子播種後需要2至3年才能發芽，再待3至4年後才能長出葉子；15歲才會長出樹幹，直至25至40年後才開花。花朵授粉後約2年才能結出果實，但還要等待8至10年後，果實才能成熟。不過從種子長出來的樹，身材也是不遑多讓的。海椰子可以長到30米高，比電線桿還要高；葉子長4至7米、寬約2至4米，一片葉子就足夠把一個人覆蓋住了！

海椰子的種子為什麼要長得這麼大呢？因為它生活在十分貧瘠的土壤、當地自然災害頻繁，為了令後代繼續繁衍，巨型種子內有着大量營養豐富的胚乳，可以供胚芽慢慢發育，並幫助幼苗在發育初期能健康成長。

至於世界上最小的種子，是斑葉蘭種子。種子僅長0.01毫米，肉眼根本看不到。顯微鏡下可以看到，斑葉蘭種子細如絲管，構造簡單，只有一層薄薄的種皮和一個球形的胚。它也是世界上最輕的種子——1億顆斑葉蘭種子也只有50克重。斑葉蘭的種子發芽長大後，植株最高也只有35厘米，花朵也是十分細小。

為什麼斑葉蘭的種子這麼小呢？因為斑葉蘭生活於嚴苛而競爭激烈的環境中，故能夠提供給種子發育的營養有限，為了增加種子繁殖率，它選擇了以量取勝的策略。通常一個果實內就有大量種子，這些種子輕如塵埃，能隨風飄揚，不斷向外擴散，繁衍生息。

哪種植物的葉子最長壽？

四季交替，樹葉在秋天掉落，春天出現新葉。不過，原來不是每種植物都會在秋天落葉的，各種葉子的壽命也不一樣，世界上最長壽的葉子已經活了數百年。

在1859年，奧地利探險家及植物學者威爾維茨（Friedrich Welwitsch）在非洲的安哥拉沙漠遊歷時，發現了一種形狀如章魚的巨型植物。經過植物學家研究後，推測它的平均壽命可達數百年，其中一部分甚至可到2,000年，十分長壽。現時這植物已沒有植物親屬，因此植物學家把它獨立成科，並以發現者的名字為這種植物命名，而它的中文名稱也十分特別──百歲蘭。

百歲蘭的最大特徵是它只長出兩片葉子，而葉子長出後，一生也再不凋落，也不會長出新葉，一生就只有這兩片葉子，所以我們可以說，百歲蘭這兩片葉子已經活了2,000年了！

百歲蘭的兩片葉子也是十分特別，愈長壽的百歲蘭，葉子也愈大，壽命達2,000年的百歲蘭，葉子長達10米，超過1米寬。由於百歲蘭的莖部極短，因此兩片葉子彎彎曲曲地攤在地上，葉子上的氣孔會吸收大氣中的水氣，而且葉子會碎裂成一條條的，捲曲並纏繞在一起，讓人肉眼無法看出它們原來兩片葉子的模樣。

百歲蘭是遠古時代留下來的一種植物「活化石」，對植物學家分析遠古的裸子植物演化成現在的被子植物有重要的學術價值。不過，由於百歲蘭的根部十分長，而且主根一旦受傷，整棵植物非常容易死亡，因此令人工栽培變得十分困難。現時，百歲蘭與巨花魔芋、海椰子並稱為世界珍稀瀕危植物三大旗艦物種，是非常珍貴的植物物種。

地球上最早的綠色植物來自大海？

地球剛剛形成時，沒有任何生物，那麼，地球上最早出現的植物是什麼？相信你跟我一樣也想不到答案呢。雖然現時植物遍佈陸地，但地球上最早出現的綠色植物，原來是來自海洋的，它就是藍藻。

46億年前，地球誕生了。約34億年前，藍藻出現了。據科學家說，現時已知最早的藍藻類化石，是在南非的古沉積岩中找到的。

藍藻有着植物的最基本特徵——它含有葉綠素，它可以進行光合作用，為自己製造養分，自給自足。

那麼，藍藻是怎樣從大海漂浮走到陸地上扎根呢？原本生活在水中的藍藻，又怎樣存活在土壤中？

所有生命都有進化、發展的本能。據科學家說，在潮起潮落、年復一年的經歷中，地球的生態環境慢慢地改變。江河湖泊開始出現，與此同時，最早的陸生植物開始在岩石中緩慢生長。為了生存，它們從岩石中提取不同礦物質，獲取養分，之後慢慢逐漸改變習性，並進化出適應乾燥陸地的能力，例如從土壤中吸收水分和防止水分流失的結構。

藍藻自上岸後，還在一直努力，慢慢從單細胞生物進化，到低矮的苔蘚植物、再長出有根莖葉構造的蕨類植物，再進化到會利用種子繁殖的裸子植物，再演化成為會開花的被子植物。我們都知道，現今很多植物都有着根部、莖部、葉子、花、果實、種子等器官，這可是藍藻經過數十億年的生命演化而來。如果藍藻沒有成功突破，現在的地球也許不會如我們眼前所見！

今日我們在冰天雪地的極地、炎熱的熱帶雨林、蔚藍色的海洋和乾旱的沙漠，都會看到植物的身影。我們真的要謝謝生命力頑強的藍藻，讓這個世界變成生機勃勃的樣貌。

哪種樹能儲存最多水？

猢猻樹是錦葵目錦葵科的植物，又被稱為「瓶子樹」，它的身形就有如一個瓶子般，粗厚肥大，頸細肚闊。它的樹幹十分粗大，直徑可達7至11米，更有着儲水作用，最高儲水量可達12萬公升，大約是半個薄扶林水塘的容量！

猢猻樹原產於非洲的熱帶地區，氣候炎熱，很少降雨且雨季頗長，因此猢猻樹早已演化出適合環境的生長機制，例如根部分佈廣，令它能在短暫的雨季中吸取水分。除了吸水外，猢猻樹還善用了胖胖的樹幹作儲水之用。樹幹表硬內軟，木質疏鬆，就能海綿一樣能夠儲存大量水分。因此整條樹幹就像一個水塔一樣，好讓猢猻樹能度過漫長的旱季，也不會因缺水而枯死。

人類也受惠於猢猻樹呢。如果在乾旱的地區遇上猢猻樹，只要在粗大的樹幹上挖個小洞，水分就會源源不斷地流出來。而除了水源外，猢猻樹全身上下從葉到根，也是寶物。它的樹葉、花朵和果實均可被人類和動物食用，樹皮則可以編織成繩索或籃子等。非洲的原住民更會利用曬乾的果殼製作敲擊樂器，甚至挖空樹幹，以作居住、倉庫等用途。

現時，全球8種猢猻樹中，有7種可以在馬達加斯加找到。而馬達加斯加島上的猢猻樹大道，兩邊長有多棵大猢猻樹，更是舉世聞名的風景。

不過，科學家在2005至2017年間走訪了非洲南部一些國家後發現，不少逾千歲的猢猻樹已相繼死亡，這是前所未見的。他們懷疑這與非洲南部氣候顯著改變有關，但確切原因至今仍未清楚。不過，不論老樹死亡原因為何，猢猻樹的不同部位都是很多動物的食物來源，這些大樹相繼倒下，對生態環境有着不少影響。

可以為百人擋雨的栗子樹？

傳說中在古代的阿拉貢王國，有一次王后帶領百騎人馬到火山遊玩，忽然天降暴雨，附近又沒有可供避雨的房屋，因此他們唯有策馬到一棵大栗子樹下避雨。這栗子樹巨大和濃密的樹冠如同一把天然大雨傘，竟然能夠為百騎人馬擋住了大雨。阿拉貢王認為這樹「護駕有功」，因此將大栗子樹賜名為「百騎大栗樹」。不過，這是傳說嗎？世界上真的有此樹？

世界上真的有這棵巨樹！在西西里島的埃特納火山山腳下，的確有一棵叫「百騎大栗樹」的大栗子樹，樹齡數千歲，是世界上現存最古老的栗子樹。不過傳說故事是真是假，則還未被歷史學家蓋棺定論。百騎大栗樹的正式樹名是歐洲栗，果樹耐寒且長壽，樹木也有很多用途。它的果實「栗子」味道甘甜軟糯，是營養豐富的食物；它的樹枝經常用於製作家具、建築等。

百騎大栗樹被《健力士世界紀錄大全》評為擁有「史上最粗的樹幹」，周長達57.9米，需要30多個成年人手拉着手，才能圍住它。不過，大栗樹的部分主幹已因火災而被燒掉，現時大栗樹已被分散成3棵較小型的栗樹，因此失去了「現時世界上最粗樹幹」的紀錄。

目前世界上最粗的活樹，是生長在墨西哥南部瓦哈卡州的一棵墨西哥落羽杉。這棵樹在1998年的測量結果為42米高、直徑11.5米和周長36米，樹蔭下能容納約500人，如果將10輛私家車首尾相連地圍成一個圓圈，就與這棵樹的周長大約相同。

比黃金更貴的土沉香？

土沉香樹是香港的原生植物，港九新界均可發現它的蹤迹。它有着平滑的樹幹，春天會開出黃綠色的小花，夏天就會結出一個個綠色的果實，它的外表看來平平無奇，但它的價值可是比黃金更貴重！

當土沉香樹受到蟲咬等外傷或真菌感染時，傷口就會慢慢分泌出一種具有強烈香味的膏狀樹脂來作自我保護，這些芳香的樹脂就是「沉香」。特別的是，由於生長環境、土壤、樹木受傷原因、感染的真菌種類的不同，沉香都有着豐富多變的香味。

沉香除了香味之外，還有多種用途，包括中藥、宗教儀式、香水等。據《本草綱目》記載，沉香是名貴中藥，對腹脹、氣喘等有治療功效。在宗教儀式方面，中國自古就有焚香敬神的傳統，而世界上最古老的典籍《聖經》也記錄了沉香與宗教的關係。

由於龐大的市場需求，沉香的價格也愈來愈高。據歷史記載，沉香在唐宋年間已是價格極高的商品，時至今日，由於土沉香樹愈來愈少，樹脂愈來愈稀有，價格也愈來愈高；質素最高的奇楠沉香，每克就要數萬元，比黃金還要貴！

龐大的市場需求及高昂的價格更令土沉香樹成為非法砍伐的目標。現時在中國內地，野生土沉香屬於二級重點保護野生植物，所以不法之徒會前來香港砍伐土沉香走私。雖然沉香樹的樹齡與樹脂質素有着密切的關係，但非法砍伐者總是來者不拒，只要是沉香樹就砍下去，而被砍伐的幼樹往往是幼樹，令保育土沉香樹變得難上加難。

大家也可以一起幫忙保育土沉香。根據土沉香生態及文化保育協會的網頁，若大家行山時發現有樹木無故有整齊切口或刀痕，樹基及樹身被切割；在非一般行山徑的樹林中看見絲帶或刀刻等記號；或發現有可疑人士正在鋸樹，都可以通知警方或各區鄉村巡邏隊。

什麼果實最有力氣？

有種果實，不單止力大無窮，而且還有毒，真是一種十分「危險」的果實啊！它的名字叫噴瓜，又稱「鐵炮瓜」，甚至有人戲稱它是「生物地雷」。

噴瓜屬於葫蘆科，原產於地中海沿岸地區，是一種攀緣草本植物。噴瓜的花朵有5瓣，顏色是淡黃色和綠色，十分小巧可愛。噴瓜果實的表皮是綠色，非常粗糙，帶有黃褐色刺狀硬毛，呈長圓形或卵狀。

雖然噴瓜是葫蘆科的一員，不過它和其他葫蘆們分別可大了。在果實成熟以前，噴瓜的皮囊十分堅韌，不是能隨便把它捏開或弄爆的硬度。但當它成熟時，它就會來個大變身，變得十分敏感，只要輕輕一碰，它就會整個誇張地飛脫，然後向外飛出去！

噴瓜把自己噴飛的原因，其實是為了傳播下一代。它不像一般常見的果實，把種子收在甜美的果肉待其他動物吃掉，然後隨着動物排泄把種子傳播出去，它是「靠自己」的代表。噴瓜把自己的種子浸泡在黏稠的液體裏，填滿整個果實的內部，這時只要稍有風吹草動或被觸碰，緊繃的瓜皮就會把液體連同種子，一起從小洞裏噴射出去，種子就像機關槍一樣，把種子一次過射出去。噴瓜噴射的力度很大，足以把種子噴到超過10米遠的地方去。

不過要小心，那些黏液是帶有毒性的，因為噴瓜想保護自己的下一代，避免種子被其他動物吃掉，才能到其他地方落地生根。那些毒素其實就是我們說的「葫蘆素」，用得其所的話是一種有效的中藥，具解毒清熱的作用，不過如果我們不小心誤食過量，可能會出現噁心、嘔吐、肚瀉等症狀啊！因此我們都不能隨便亂食，要按照專業人士的意見服用啊！

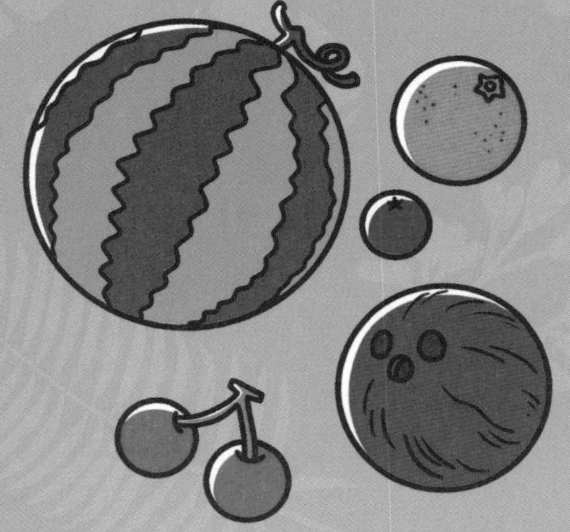

蔬果園的秘密

為什麼大部分水果都是球形？

你看過正方形的蘋果、三角形的橙和平行四邊形的葡萄嗎？你有否想過，為什麼植物天然生長的果實大多都是圓鼓鼓的球形？原來這是物競天擇、生物進化的結果。

我們要知道，果實內部藏着種子，而植物會藉由種子來繁殖下一代，所以果實是植物相當重要的一部分。而果實是球形的原因，正正就是它們要最大限度地縮小自己，保護果實和種子。

第一，水分對植物來說可是非常重要的，因為植物扎根在泥土，只能用根部吸取水分，而不能夠直接跑到池塘去喝水呢！所以如何減少水分的蒸發，就成為植物必須考慮的事情。植物聰明地發現，原來在所有體積相等的物體裏，圓球形的表面面積是最小的。如果表面積愈小，接觸到空氣的地方也愈少，那麼水分也蒸發得愈少。

第二，球形能減低風雨對果實造成的傷害。由於球的表面是一個曲面，不管狂風和雨水從哪個方向吹來，它們與果實的接觸面也是最小的。

第三，害蟲很難在圓球形上走路。由於圓球形的面積最小，能夠給害蟲的立足之地也就減少了。更甚的是，由於球體有弧度的，害蟲在上半部分行走時，很容易站不穩而滑落地上，而且害蟲也不能反抗地心吸力，在球形的下半部分行走吧！因此，水果把自己長成球形，也能大大減少害蟲對自己的傷害。

最後，當果實成熟後落地，球形可以令它滾得更遠，有利傳播種子，繁衍後代。

世界上也有一些不是球形的果實，例如像伸開手指一樣的佛手柑，它也是十分可愛呢。

為什麼果實成熟後會掉下來？

樹上的果實成熟了，為什麼會掉下來？這個問題大家應該會想起全因蘋果從樹上掉下來，牛頓就發現了地心吸力。不過，其實牛頓對於此問題，只是解答了一半。因為蘋果不掉下來的話，就不會擲中牛頓的頭部啊，所以我們首先要找出蘋果從樹上掉下來的原因！

當果實成熟時，植物會產生一種叫「離層酸」的賀爾蒙。果柄上的細胞便會開始衰老，在果柄與樹枝相連的地方形成一層稱為「離層」的細胞層。離層有如一道屏障，隔斷果樹對果實的營養供應。俗語有句說話叫「瓜熟蒂落」，其中的「蒂」字，就是指離層了。

如果沒有及時採摘成熟了的果實，這時果實便會因外部的力量，即地心吸力，令果實掉下來。它們大多會自行脫落，並不是因為果柄太細，不堪果實的重負而墜落，而是因為果實必須落到地上，裏面的種子才能發芽生根，長出新的果樹來。這完全是為了讓植物繁殖後代！果真是大自然的智慧。不過如果地球上沒有地心吸力，那麼果實就算有離層，果實內的種子也不會落到土壤上繁殖後代。

除了果實的果柄可以產生離層外，葉子也可以。落葉的原理和果實的大同小異，同樣是葉柄基部或靠近基部的部分產生了離層，令葉柄的支撐力變弱，然後隨着風吹加上葉子本身的重量，就令葉子脫落。

而且有研究發現，「離層酸」是一種動植物通用的賀爾蒙，即是動物上也有「離層酸」這種賀爾蒙。我們的身體是可以合成離層酸的，不過不是用於脫落哪個部分，而是用於調節血糖濃度。

切洋蔥為什麼會流淚？

每次切洋蔥時，我們都會情不自禁地掉眼淚！究竟為什麼切洋蔥時會讓人流眼淚呢？難道我們切洋蔥時，心裏會感到特別悲傷或感動嗎？

當然不是！切洋蔥時會淚流滿面，絕不是因為人類的情緒。當我們切開洋蔥時，洋蔥的細胞會被破壞，洋蔥就會自動開啟它氣味獨特的防禦武器——硫化物。這些含有硫的揮發物在空氣中散發、接觸到我們的眼睛後，我們就會流淚，就像接觸到催淚劑一樣。雖然洋蔥的硫化物會刺激眼睛，不過我們將硫化物吃進身體，能幫助抗氧化、控制體內血糖，有很多好處的。

如果要避免切洋蔥時流淚，可以在切洋蔥前先把它放入冰箱冷藏一陣子，低溫可以降低洋蔥細胞的活性，自然就不會產生刺激淚腺的硫化物。第二個方法是將洋蔥放在水中，因為硫化物容易溶於水中，在水中切洋蔥可以減少硫化物與眼睛接觸，減緩刺激性。

了解洋蔥催淚的原因後，那你知道眼淚的秘密嗎？原來，切洋蔥時流下的眼淚，和傷心、大笑時所流的眼淚是有分別的。一名荷蘭的攝影師就曾經收集了100個眼淚樣本，放到顯微鏡下觀察後，發現原來人類的眼淚會因為場景和類型的不同，會呈現出完全不同的樣貌。因切洋蔥、受煙霧刺激流下的眼淚，屬於「條件反射型眼淚」，眼淚就像一片片雪花，外形較為規則且細長；至於悲傷之淚屬於「精神型眼淚」，擁有較碎散的外形，也常有大塊不規則的形狀出現。人類的眼淚也是相當有趣呢！

為什麼粟米
會長「鬍鬚」？

你喜歡吃粟米嗎？你吃粟米時，牙齒縫曾否被一條條粟米鬚卡住呢？好奇的你會問，粟米是男性嗎？它為什麼會長「鬍鬚」？

植物的種類繁複，我們不能用男女來為植物分類。其實，粟米是雌雄同株的植物，雄花和雌花會分別開在同一株粟米的不同位置。在粟米發育時，麥粒大小且有着傘狀花穗的雄花會在粟米莖頂部長出來。過了數天後，粉紅色的雌花則在植物莖部的中央生長出來。雌花為了接收花粉，演化出長長的雌蕊花柱和柱頭伸出苞葉外，這些雌蕊花柱和柱頭就是我們看到的粟米鬚了。

那麼粟米是怎樣傳播花粉呢？由於粟米花沒有蜜腺，不能製造花蜜，無法吸引蜜蜂、蝴蝶等來幫忙傳播花粉。因此，雄花會生產出大量的小粒花粉，依靠風的力量，讓花粉飄落到雌蕊柱頭上。雌蕊柱頭的前端帶有黏性，可以接觸到在空氣中飄散的花粉。

每一根雌蕊柱頭都連接着一個胚珠，一旦授粉，精子細胞就會沿着長長的花粉管進入胚珠與卵子結合，受精成功後，就會發育成為果實，也就是一顆粟米粒。完成使命的雌蕊柱頭就會逐漸枯萎，不過有一部分會殘留在粟米芯上，因此我們在吃粟米時，才會看到每一顆粟米粒下都壓着或長或短的粟米鬚了。所以說，每根粟米都是由很多條柱頭與花粉結合的結果呢。

話說回來，由於粟米雄花借助風力將花粉撒到雌蕊柱頭上，但風向是不定的，所以花粉也會被帶到不同株的雌花上。粟米田不同粟米的花粉在空中飄盪，散落到不同雌蕊柱頭上，形成雜交，所以我們會看到一條粟米上會有各種顏色的粟米粒。

什麼果實長在地底？

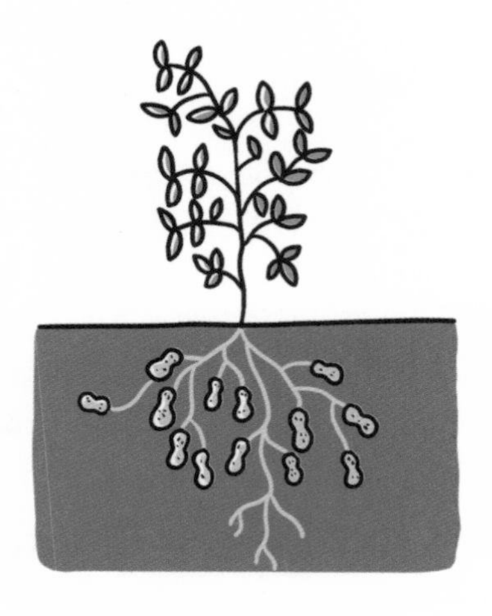

陸地上的植物，通常都是地上開花、地上結果的，但在植物世界中，花生是唯一一種在地上開花、地下結果的植物。

花生開花及成功授粉後，花朵會開始凋謝和會向下彎，花托會長出子房柄，伸長的子房柄和子房像一根針一樣（學名為「果針」），會慢慢地向地面伸長、着陸，將已受精的子房送入泥土中。果針鑽進泥土後，子房會繼續發育和膨脹，直接吸收水分和各種養分以供生長發育的需要，一顆接一顆花生相繼成熟，表皮逐漸收縮，最後成為我們日常吃到的花生果實。如果果針不能進入泥土內，就會凋零，不能結果。

你一定會十分好奇，為什麼果針大費周章地進入地底？因為子房想要成長為花生，必須滿足兩個基本條件。

這兩個條件就是黑暗的環境和外部壓力的擠壓。子房需要在黑暗的土壤中經歷泥土無情的擠壓後，才能成功長大。有科學家曾嘗試讓花生開花受精後，阻止子房伸入地下，他們將部分子房用黑色紙袋遮住，另一部分子房則暴露在陽光下。一段時間後，遮光的子房成功發育成為花生，但發育不正常，至於暴露在光照之下的子房則未能發育，枯乾萎縮了。

現時花生在全球均有大規模種植，不過原來花生原產於南美洲，是由哥倫布在1492年發現新大陸（美洲大陸）時發現的。哥倫布將花生帶回歐亞大陸後，再逐漸推廣給世界各地的人們。

香蕉的種子在哪裏？

大部分植物的種子都在果實之內。香蕉是我們生活中常見的水果，不過與其他水果不一樣的是，香蕉好像沒有種子。難道香蕉不是果實？或是香蕉根本沒有種子？

香蕉當然是果實，而且香蕉也有種子的！其實世界上最早的野生香蕉不僅有種子，而且種子還是又大又硬的，不方便食用。現在我們吃的香蕉都是經人工培育下長大，在改良過程中，香蕉皮變得易剝、果肉更加飽滿、種子也慢慢退化了。仔細觀察一下香蕉果肉，中軸一排排的黑色小點就是退化了的香蕉種子。因此，我們也可以說，現在我們所吃的香蕉，已經沒有種子了。

香蕉沒有種子，那是如何播種繁殖呢？在現時農業生產中，香蕉使用無性繁殖，常見的方法有吸芽和培育繁殖兩個方法。

不過，原來人工無性繁殖的種植方法，會令香蕉陷入絕種的危機！因為採用無性繁殖而種植出來的香蕉，基因其實是一模一樣的，一但蕉樹感染了「黃葉病」等病菌時，便不能透過演化來發展出能夠對抗疾病的基因。

黃葉病是出現在香蕉根部的植物病，是由一種名為「尖孢鐮刀菌古巴專化型」的真菌所引起，這些真菌對殺真菌劑有着抵抗力，因此無藥可治。

而植物病理學教授認為，黃葉病自古以來便與野生香蕉共存，透過不斷進化，野生香蕉能抵抗黃葉病，但由人類培植的香蕉品種卻不能。

諷刺的是，人類在上世紀也曾面對過黃葉病大爆發，造成香蕉瀕臨絕種的情況。當時，「大米七」香蕉是全球最主要的香蕉品種，但黃葉病擴散全球，引致大量「大米七」香蕉死亡，農地也被迫荒廢，使得這品種的香蕉幾近絕迹。過去10年間，黃葉病再次在全球各地的香蕉農場肆虐，現時很多科學家正在努力尋找解決辦法，希望令這種世界最受歡迎的水果不會再次出現短缺。

為什麼雜草
長得比農作物快？

白居易以「野火燒不盡，春風吹又生」生動地描述了野草的頑強生命力，但比農作物生長得更快的雜草可是農夫除草的惡夢！雜草扎根農田，對少點力氣的農夫可是很吃力；雜草又長得快，必須密密鋤，否則會影響農作物的收成。你可能會問，同樣都是植物，為什麼雜草總是長得比農作物快呢？

原來為了長大，雜草也發展出很多生存策略！第一，雜草有驚人的繁殖能力，例如小小一株馬齒莧就可產生數十萬粒種子。

第二，雜草的種子生命力旺盛，壽命很長，也很難死亡。雜草的種子在不適合環境下就不會發芽，它可以長時間休眠，等到理想的時機才發芽生長，例如馬齒莧和稗草的種子可以在土壤中存活20年以上。同一株雜草的種子甚至可以在不同時間發芽，避免發芽後遇到環境突然惡化而死光。此外，有些雜草的種子即使被動物吃了，也不會被消化，而是會隨着動物的排泄物完整回歸到土壤中。

第三，雜草的適應力強，它們可以忍受高鹽、淹水、貧瘠不肥沃等惡劣的土壤，幾乎所有地方都可以見到雜草。此外，雜草的根系也比農作物的強大，具有很強的繁殖能力和再生能力，折斷的地下莖節都能再生成新株。

其實，雜草對土地也有重要的作用。雜草深深扎根在泥土內，可以幫忙抓住泥土，防止山泥傾瀉；雜草也吸收陽光，為泥土遮蔭擋雨，也可以防止水土流失。另外，雜草也是不同幼蟲和昆蟲如蚯蚓的棲息地。蝴蝶也會在雜草的草叢內產下卵子，之後孵化成的毛蟲以雜草為糧食，再化蛹成蝶。最後，在同一片土地中，如果能保持生物多樣性（包括雜草在內），也可以減低蟲害呢。

「雜草」也只是人類對它們的稱呼，其實它們對大自然的生態也有着重要的價值和生存意義！

Love

人類與植物

有哪些
以香港命名的植物？

香港植物資源豐富，早於19世紀初，已有植物研究人員調查香港的植物種類，現時已知的植物品種已多逾3,000種，原生植物也有2,000多種，有些更是香港特有的原生植物，是世界上首次發現的新品種！這些在香港首次被發現及記錄的植物新種，會以植物的特徵或發現者的名字來命名，又或以香港作為種加詞命名的，即成為學名其中一部分。以香港命名的植物，你又認識多少呢？

香港蛇菰是十分有趣的植物，因為它的莖部渾身通紅，長得像手指，表面長着不規則的瘤，所以很常被誤認為是有毒的菇菌。其實，香港蛇菰是寄生植物，藉依附宿主植物——缺葉藤的根部而生，直接從宿主而非從泥土攝取養分。要找到香港蛇菰也不容易呢！暫時人們只在屯門青山找到香港蛇菰的蹤影，而且它在9至11月花期時才較容易被看見，因為開花時它才會從泥土中冒出。

香港巴豆是香港境內的極危物種，它首次約於1850年在香港島發現，事隔逾100年後，於1997年在青衣三支香才再次被香港植物標本室的人員發現。香港巴豆生長於山地林中，6月開花，由於它的果實只有手指頭般大小，所以不易被發現。現時三支香的原生地已被列為「具特殊科學價值地點」，用作研究香港和中國植物區系。標本室找到香港巴豆後，也為香港巴豆採種育苗，現在香港巴豆已在城門標本林多次開花結果。

香港茶擁有山茶屬少有的紅色大花朵，是本地植物畫家經常描繪的對象之一。它是由英國軍人約翰・艾爾於1849年在香港島找到的，花期為每年12月至翌年1月，現時可以在一些郊野公園內看到它的蹤影。

香港的市區相當鄰近大自然環境，是世上罕有的。只要我們踏出家門，除了上述介紹的，還可以看到很多美麗而有趣的植物，有幸的話，或許更會發現到植物新種呢！

植物能夠預報地震？

其實地球每年約發生500萬次地震，可以說每天發生上萬次的地震。不過有些地震規模小，我們沒有感覺到；若果發生大地震，便會造成重大損失。人們都想能早一點知道地震要來臨，那麼便可以減少傷亡和損失。

原來有一些植物很有可能是能夠感應地震的。在地震發生前，它們會出現異常的舉動。例如對外界觸覺敏感的含羞草，在正常情況下，含羞草的葉子白天張開，夜晚閉合，但如果含羞草葉子出現白天閉合，夜晚張開的反常現象，便是可能發生地震的先兆。科學家多次發現含羞草葉子出現以上的反常現象，然後都發生了地震。還有地震學家亦表示，在強烈地震發生的幾小時前，含羞草會突然萎縮及枯萎。看來含羞草可以成為地震的「預測器」呢！

除了含羞草，似乎還有其他植物也能感應地震。好像蒲公英，蒲公英通常在春夏季開花，不過在1970年，大量蒲公英提前1個月就開花，隨之中國寧夏就發生了地震。

對於植物可能可以感受到地震，科學家認為地震在醞釀的過程中，可能是由於地球深處的巨大壓力，令岩石中產生了電壓繼而形成電流，而植物的根部感受到從地底傳來電流的刺激，使植物的生長出現變化。

雖然相比起動物在地震前的異常行為，植物的反應並未有太多紀錄或研究，不過相信在不久的將來，科學家可以找出植物和預測地震的關係，從而減少地震為人們帶來的傷害。

竹樹開花，災難警報？

很多人都沒見過竹樹開花，竹樹開花可說是植物界中最不尋常的事件之一了，在中國和印度，都有「竹樹開花，必有大災」的傳說。竹樹開花似乎是個不祥之兆。這是真的嗎？

原來於印度，曾發生多次竹樹開花後出現鼠患和饑荒的情況。例如2006年至2008年，印度東北部一帶竹林大面積開花，開花後的兩個星期，鼠群就襲擊了稻田，在幾個小時內，一大片稻田就命喪「鼠」口。在中國，竹樹開花則是地震的預言，例如在1976年唐山大地震和2008年四川汶川7.8級地震發生前，都曾經出現了竹樹開花的情況。不過科學家現時還未找到竹樹開花與災害的關係。

其實，竹樹開花是一種自然現象，不過竹樹開花的周期很難預測，從30到100年以上的都有，甚至有的竹樹並沒有開花的紀錄。不過如果竹樹開花，一生也只會開一次花，因為開花是竹樹生命快要終結的徵兆。竹樹開花可以分成兩種原因，一種是壽命完結了，竹樹的生長周期，通常在40至120年之間，視乎品種而有不同；另一種則是生長環境惡化，不再適合竹樹生長。

竹樹會開出細小的黃色或白色花朵，而且開花時帶有清香。竹花開後，竹米就會像麥穗一樣在竹子上生長。竹米是竹樹的種子，外形很像我們平日所吃的大米。竹米成熟後，外皮會變成棕紅色，內部則會變為淡綠色。之後竹樹就會枯萎。驚人的是，竹樹首先會是一兩棵開花，之後會「株連甚廣」，很快就會傳染到整片竹林同時開花，最後一大片竹林的竹樹，無分老幼，都難逃一死。

竹樹開花是繁衍後代的一種方式，在自己的生命結束前仍在努力貢獻，到開花後逐漸枯萎而死。至於竹樹開花是否真的能為人類預測災難，相信還需要進一步研究。

颱風草能預測颱風？

棕葉狗尾草是一種多年生草本植物，根莖短，葉子平滑，呈披針形。在台灣，民間有個傳說，只要看看平直的棕葉狗尾草葉子上有多少道自然褶痕，就可以知道當年會有幾次颱風來臨——若葉子有一道褶痕，該年就會有一次颱風侵襲；兩道褶痕，就會有兩次颱風侵襲。因此，棕葉狗尾草又稱為「颱風草」，棕葉狗尾草真的比天文台厲害，能夠預測颱風嗎？

棕葉狗尾草的秘密曾經引起台灣一些小學生的好奇心，因此老師與他們一起做實驗，長期逐棵觀察3個棕葉狗尾草的群落，驗證網絡傳言。他們嘗試依照颱風成因如溫度高、濕度高、低氣壓等特性，比對記錄這些因素和棕葉狗尾草葉痕的變化，但他們發現褶痕生成與氣候無關。

根據植物專家的說法，生長在同一個地區的棕葉狗尾草，不同株的葉子褶痕數不一定相同，甚至連同一株棕葉狗尾草的不同葉子也會有不同數量的褶痕。因此以褶痕來判斷颱風來臨的次數，是不準確，也沒有科學根據啊。現今科技發達，我們可以在颱風來襲前，用不同高科技儀器如氣象雷達、無線電探空儀等觀測颱風的情況。

雖然棕葉狗尾草對颱風出現次數的預測不盡準確，不過有一種植物可是相當「喜歡」颱風呢，那就是別名為「風雨蘭」的韭蓮了。韭蓮未開花時外形不起眼，就像韭菜，不過在夏季狂風暴雨後，韭蓮就會綻放粉紅色的花，大家可到香港公園、荔枝角公園或梅窩銀河花園尋到韭蓮的花蹤。

可以用牛奶澆花嗎？

除了用清水澆花外，我們還可以用其他液體來澆花嗎？營養豐富的牛奶可以嗎？

牛奶雖然對人體有益，但牛奶中所含有的大量蛋白質和脂肪，植物卻是無法直接吸收。若我們將牛奶倒進泥土中，會發生什麼事呢？首先，土壤結構會被破壞，蛋白質會在泥土表面凝結起來，將盆栽的泥土與空氣隔絕，植物根部就會缺氧了。

其次，凝結起來的蛋白質也變成了一道隔水層，阻止了水分向下滲，這容易造成澆足了水的假象，實際上只有泥土表面是濕潤的，但水分到達不了泥土下層，下面的泥土還是乾的，根部就會得不到必要的水分而乾死。那澆多一些水不就好了？可是，別忘了這層隔水層還是不透氣的，它阻止水分被蒸發，根部長時間浸在過於潮濕的泥土內，很容易腐爛。

蛋白質和脂肪還會吸引昆蟲來訪，這對植物可是大大的不利啊！

不過，牛奶含有鈣等微量元素，對植物也有一定益處。園藝人士建議，過期的牛奶已經發酵完成，可以用作養花，但也不能直接取代清水，只能添加數滴在清水中，稀釋後才拿來澆花。

除了牛奶外，有說在插着鮮花的花瓶內加一點點啤酒，花朵可以開得更久，這是因為啤酒含有的酒精、糖類、二氧化碳等成分，都有助延長花期。酒精能夠消毒，對花枝的切口起到防腐作用，花朵生長時也需要糖類，二氧化碳更是光合作用時不可或缺的養分。不過，我們也要小心控制啤酒的濃度，不然會令花朵「醉死」啊！

為什麼情人節要送玫瑰花？

每年的2月14日都是情人節，向戀人送上一束紅玫瑰，是表達愛意的其中一個方式。世上有不同品種的美麗花朵，為什麼會選擇將玫瑰花作為愛情的信物？因為人們為不同的花朵賦予了不同的花語，而紅玫瑰象徵了熱情、浪漫的愛情。

花語的起源可以追溯到古希臘時代，當時大自然的每一種花花草草、樹葉和果實，都有含義。紅玫瑰是真摯愛情的代表，全因一個淒美的愛情神話故事。相傳愛神阿芙蘿迪蒂愛上了俊美的阿多尼斯，有一天阿多尼斯打獵時被野豬咬傷了，阿芙蘿迪蒂知道這個消息後，瘋狂地在花叢奔跑，慌亂中的阿芙蘿迪蒂不慎被玫瑰的刺刺傷了腳，血液滴在花瓣上，頓時，所有白玫瑰變成了鮮紅色的玫瑰。不過，當阿芙蘿迪蒂趕到阿多尼斯的身邊時，阿多尼斯已經死了。從那時候開始，玫瑰莖上的刺就代表愛情背後的荊棘，而盛放的紅玫瑰則代表着至死不渝的愛情。

到了18世紀，花語在由土耳其傳入英法兩國，又在法國上流貴族之間特別盛行，令花卉成為他們「秘密的信差」。當時的作家寫下一本本有關花語的書籍，按照季節列出花朵，說明每種花或花束的含義，紳士和女士們可以利用這些花語語言作暗號，悄悄地和朋友或情人溝通。

玫瑰花有非常多品種和顏色，不同顏色的玫瑰都有不同花語。例如紅玫瑰表示「我愛你」，粉紅玫瑰指「初戀」，白玫瑰象徵「純潔、神聖美好」。花朵數量的不同，也有着不一樣的花語啊。

千姿百態的花朵述說千言萬語，人們創造花語，將自己的情感寄託在大自然的物件之中，花語雖無聲，卻勝於有聲。在不同的歷史與文化環境中，每種花的花語並非一成不變的，人們也會用不同的花朵表達同一種感情，不過只要聯想到愛情，大家都一定會想到用紅玫瑰傳達愛意。

印度人用樹種了一座橋？

在雨季，印度乞拉朋齊經常會出現暴雨，河水上漲，當地的建築技術也較為落後，人造的土橋或木橋很容易就被暴雨摧毀。但是過河又必須有橋，那怎麼辦呢？

當地原住民運用智慧，成功克服這個問題。他們發現當地的橡膠榕有着非常堅固的樹根，而且在主根生長達到一定長度，會在樹幹某處再次生根，於是他們就想到用橡膠榕來造橋了。

他們首先會在河邊種下橡膠榕的幼苗，再以木架引導柔韌的樹根穿過河流，持續向對岸生長。遇到對岸的泥土後，樹根會再一次回歸土壤。由於橡膠榕是活的，隨着時間的推移，會長出愈來愈多的樹根，樹根也會互相交纏，橋也愈來愈堅固，經過數十年等待後，能夠承受人類的重量、結實又安全的樹根橋就完成了！一般用鋼筋水泥造的橋樑，會隨着時間流逝而變得老舊，不過樹根橋卻是百年來都屹立不倒，只要樹一日活着，樹根橋也會活着，甚至愈來愈強壯！

樹根橋的承重力相當驚人，有些橋可以同時讓50個人走在上面，也不會塌。當地人除了在橋上走動，也會運送物資。

雖然「種橋」要等待一段長時間，不過當地人認為這是值得的。因為建造樹根橋只使用了大自然的資源，除了不會產生建築廢料外，建造方法也沒有對環境造成傷害，非常符合生態保育價值，是一個人類與大自然和睦共處的好例子。當地人更不斷挑戰樹根橋的極限，創造出雙層樹根橋！

這座充滿生命力的天然樹根橋實在太特別了，外形亦十分漂亮，所以漸漸地吸引了各地慕名而來的旅客前來觀賞，你也想去看看嗎？

澳洲人研發了雜果沙律樹？

一棵樹上種着不同種類的水果，聽起來像是異想天開，但「雜果沙律樹」是真實存在的！澳洲新南威爾斯州的一對夫婦，在1990年代就成功研發出雜果沙律樹。時至今日，他們已經研發出3種雜果沙律樹，樹上的所有水果都保持着自己的特性。與單一品種的水果樹不同，每棵「雜果沙律樹」的水果成熟的時間各不相同，想吃什麼就從樹上摘下來吧！

現時「雜果沙律樹」已開發出3個種類，每一種樹最多可以長出來自同一個「水果家族」的6種不同水果。第一種是核果沙律樹，可以長出桃、布冧、桃駁李和杏桃。

第二種是柑橘沙律樹，一棵樹上包括橙、檸檬、青檸、西柚和桔。最後一種是多種蘋果樹，同一棵樹上會生長着紅色、黃色和青色的蘋果！

雜果沙律樹是怎樣誕生出來呢？原來研發者幫水果樹做了一個外科手術——嫁接，即是把一個植物的樹枝或芽，接合到另一個植物的莖部或根部上，接在一起的兩個部分會慢慢合成一個完整的植物而繼續生長。但6種果樹的嫁接，絕不只是1+1+1+1+1+1=6這麼簡單——種植專家需要選擇嫁接品種、嘗試不同嫁接方法、控制整棵樹的平衡、調控不同水果的花期和成熟期、預防病蟲和害蟲、讓果樹順利傳粉等等，大量因素都影響着成敗。可以說，雜果沙律樹是經過不斷反覆研究和試驗才能面世。

開發者表示，無論是涼爽、溫暖還是熱帶氣候都適合「雜果沙律樹」生長。買下一棵「雜果沙律樹」，不同的水果會在不同時節成熟，所以整整一個夏天都可以收穫水果，柑橘沙律樹的成熟期更是貫穿一年，四季都可以採摘新鮮的檸檬。人類的創意真是無限！

植物能夠
在太空生長嗎？

植物能在地球上找到生存所需的各種資源，所以能夠茁壯成長。那麼如果把植物送上太空，它們還能好好地成長嗎？

想要前往月球、火星甚至更遠的宇宙，或者移民到太空，食物來源是其中一個急需解決的問題，所以科學家一直致力研究植物能夠在太空生長的方法。照常理來說，太空一天內都有充沛的陽光照射，而且不會有雲層也不會「打風落雨」，應該只需要適量地灌溉就可以種植不同植物，對嗎？

科學家為了解答這個問題，開始使用不同的種子進行研究，把種子們送上太空種植。初時被送上太空的種子有小麥、豆角、青瓜等植物，但結果都失敗而回。科學家發現太空的失重狀態是它們死亡的原因，失重狀態令植物的生長素不能正常輸送到植物的各個部位，導致植物慢慢死亡。不過經過多次反覆研究，現在很多植物都能在太空站裏成長，開花結果。

然後科學家轉向研究使用月球土壤培植，因為如果成功種植的話，月球甚至能成為太空任務的基地！用於研究的種子是阿拉伯芥，它是一種原生於歐亞大陸的小型開花植物。科學家把阿拉伯芥放進月球土壤裏，並為種子施肥灌溉，成功令種子發芽。

剛發芽時情況還正常，不過阿拉伯芥似乎還未適應月球的土壤，漸漸地植物開始愈長愈慢，根部被發現生長不良，是需要再多加研究的結果，不過它仍然是第一個能在月球土壤裏成功發芽的地球植物。

未來的日子，相信科學家和太空人會繼續共同合作，研究出月球、火星或者太空的植物生存方法，希望將來可以在太空自給自足。

誰是真正的「地球之肺」？

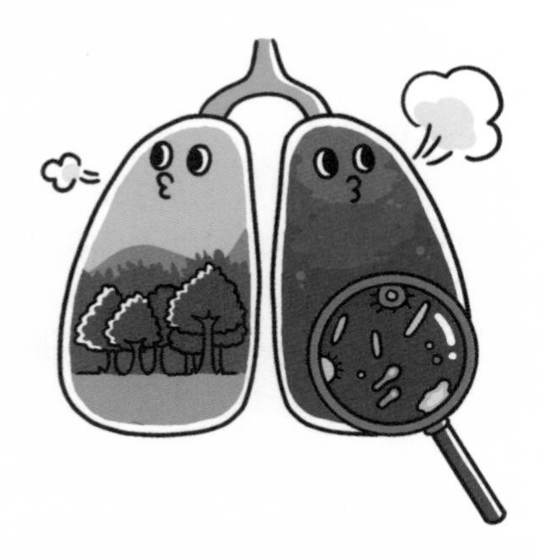

人類用肺部呼吸，維持生命。地球也需要呼吸，調節氣候。你知道地球是用什麼「器官」來呼吸嗎？很多人都以為答案是森林，因為樹木會透過光合作用，吸取二氧化碳，然後釋放氧氣。其中全球最大的熱帶雨林、位於南美洲的亞馬遜森林，面積約有700萬平方公里，有非常繁多的植物種類，更曾被報章雜誌稱為「地球之肺」。不過，這可能是一場誤會。

雖然植物日間吸收二氧化碳、吐出氧氣，但在夜晚或秋冬季節，也會吸收氧氣、釋出二氧化碳。所以，亞馬遜森林生產的氧氣，有一半都在夜間被吸收回去。

那誰才是地球之肺啊？其實是海洋裏的浮游植物，它們形成大海中的「隱形森林」，全球超過50%氧氣都是來自它們啊！浮游植物是浮於水中的植物，它們住在海洋的淺水區，居住的地區佔了地球的四分之三。浮游植物是肉眼不可見的微型藻類，抽出海洋表層的一滴水在顯微鏡下看看，可能就會發現數千個浮游植物，不過我們可不能小看這些海洋裏的小居民！

除了浮游植物外，其實鯨魚們也在幫忙呢。因為鯨魚的排泄物含有浮游植物需要的養分，所以在海洋裏，有鯨魚的地方，就有浮游植物。當鯨魚在大海中暢泳，或遷移到另一個地方時，浮游植物亦會跟隨，浮游植物的繁殖範圍便因此擴大起來。

話說回來，其實亞馬遜森林和浮游植物可以說是相輔相成。因為亞馬遜森林的植物會透過蒸散作用，把水氣帶到天空，形成廣大的「雲河」。當雲河的水氣凝結成水滴，落回至地面後，會侵蝕岩石，將沉積物帶入海洋中，成了海洋動植物的養分。

我們真的要好好感謝森林和海洋動植物的貢獻啊！沒有它們，地球整個生態系統也可能毀於一旦，此時此刻，全球暖化和溫室效應問題愈來愈嚴重，我們除了要保護森林之餘，也要守護海洋。

教科書沒有告訴你的奇趣冷知識 植物篇

編者	明報出版社編輯部
助理出版經理	林沛暘
責任編輯	梁韻廷、劉紀均
文字協力	黃麗妍
繪畫	Yuthon
美術設計	張思婷
內頁排版	samwong
出版	明窗出版社
發行	明報出版社有限公司 香港柴灣嘉業街 18 號 明報工業中心 A 座 15 樓
電話	2595 3215
傳真	2898 2646
網址	http://books.mingpao.com/
電子郵箱	mpp@mingpao.com
版次	二〇二三年五月初版
ISBN	978-988-8828-45-6
承印	美雅印刷製本有限公司